应用型高等学校"十三五"规划教材

51 系列单片机原理及产品设计

黄翠翠　主　编

华中科技大学出版社

中国·武汉

内 容 简 介

本书主要介绍 51 系列单片机的组成结构、工作原理及产品设计实例。本书共分为 7 章,分别介绍了 MCS-51 单片机的结构及原理、开发流程、C51 基础,以及 51 系列单片机的中断系统、定时/计数器、串行通信接口的功能及应用,另外还介绍了 51 系列单片机常用的输入/输出设备,常用外围设备芯片的功能、使用方法及单片机的接口方式等。各章均附有习题,第 3～7 章附有设计实例。

本书可作为高等院校自动化、计算机及电子类相关专业"单片机原理及应用"课程教材及相关课程设计的参考用书,还可供相关专业工程技术工作人员参考。

图书在版编目(CIP)数据

51 系列单片机原理及产品设计/黄翠翠主编. —武汉:华中科技大学出版社,2018.8
ISBN 978-7-5680-4415-8

Ⅰ.①5… Ⅱ.①黄… Ⅲ.①单片微型计算机 Ⅳ.①TP368.1

中国版本图书馆 CIP 数据核字(2018)第 184417 号

51 系列单片机原理及产品设计　　　　　　　　　　　　　　　　　　黄翠翠　　主编
51 Xilie Danpianji Yuanli ji Chanpin Sheji

策划编辑:范　莹
责任编辑:陈元玉
封面设计:原色设计
责任监印:赵　月
出版发行:华中科技大学出版社(中国·武汉)　　　电话:(027)81321913
　　　　　武汉市东湖新技术开发区华工科技园　　　邮编:430223
录　　排:武汉市洪山区佳年华文印部
印　　刷:武汉市籍缘印刷厂
开　　本:787mm×1092mm　1/16
印　　张:15
字　　数:378 千字
版　　次:2018 年 8 月第 1 版第 1 次印刷
定　　价:36.00 元

前　言

单片机从诞生至今已有 40 多年的历史。这 40 多年来，单片机对自动控制、电子信息及通信工程等学科领域的信息传输与控制有着革命性的突破，同时，随着现代超大规模集成电路的发展，单片机的功能与运行速度也在不断与时俱进、不断创新，衍生出了许多新的技术分支，如嵌入式技术、SOPC 技术等。

一方面，单片机技术目前仍然应用于各个控制领域，小到儿童玩具、家用电器，大到汽车、船舶、飞机等；另一方面，单片机中的许多技术知识，如定时器、中断控制、并口、串口、A/D 转换、D/A 转换等，是进一步深入学习嵌入式技术、SOPC 技术的基础。因此，"单片机原理及应用"这门课程是电子类专业学生的必修课程。

C 语言是当今各领域控制系统广泛使用的语言，它不仅用于一般计算机的编程，而且在各种单片机、嵌入式技术、SOPC 技术的使用上也必不可少。因此，本书以 C 语言为主线，对单片机各个模块和接口电路的软件程序开发进行了详细介绍。

编者在编写过程中，根据现代单片机技术的发展现状和研究成果，基于课堂教学和实践教学经验，汲取国内相关教材特色，秉承由易到难、深入浅出、突出重点的原则，对每个知识点均加以举例说明，注重理论与实践相结合，并特别设置了"设计与提高"部分，结合实际应用列举不同的综合设计实例，详细分析设计过程并提出改进思考，重点培养学生的应用开发能力。

本书详细介绍了 51 系列单片机的组成结构及应用技术，共分为 7 章。第 1 章简单介绍 51 系列单片机的结构及原理，包括单片机的基本概念、发展历程、51 系列单片机的特点、基本组成部分、工作方式等；第 2 章主要介绍 Keil C51 软件平台及单片机程序开发流程，包括工程文件的建立、工程编译、软件调试、软件仿真及下载方式等；第 3 章详细介绍 51 系列单片机的中断系统，包括中断响应过程、优先级排序、优先级控制、外部中断源功能及使用实例等；第 4 章详细介绍 51 系列单片机的定时/计数器，包括定时/计数器的结构、工作原理、控制方式、工作方式等；第 5 章详细介绍 51 系列单片机的串行通信接口，包括串行通信接口标准、结构及功能等；第 6 章主要介绍 51 系列单片机常用的输入/输出设备及接口，包括键盘、LED 数码管、LCD1602 与单片机的接口及工作方式等；第 7 章主要介绍 51 系列单片机常用的几种外围设备芯片，包括 A/D 转换芯片 DAC0809、D/A 转换芯片 DAC0832、串行日历/时钟芯片 DS1302、数字温度传感器 DS18B20 芯片的功能、与单片机的接口方式及工作原理等。本书内容丰富，实例众多，每章后均附有习题。

本书由黄翠翠担任主编。中国地质大学侯自良教授对全书进行了认真审阅，提出了许多宝贵意见，在此表示感谢。

由于编者水平有限，书中难免有疏漏之处，恳请读者批评指正。

编　者

2018 年 3 月

目　录

第1章 51系列单片机基础

学习目标

- 了解单片机的基本概念、发展历程及应用范围;
- 熟悉51系列单片机的基本组成部分;
- 掌握51系列单片机的各引脚功能;
- 掌握51系列单片机的工作方式。

教学要求

知 识 要 点	能 力 要 求	相 关 知 识
单片机基本知识	● 熟悉单片机的发展历程; ● 了解单片机的应用范围	● 单片机的概念; ● 单片机的发展历史
51系列单片机的特点	● 掌握51系列子系列单片机的特点; ● 熟悉52系列子系列单片机的特点	● CPU的组成及功能; ● 存储器结构
51系列单片机的结构	● 熟悉51系列单片机的各组成部分; ● 熟悉51系列单片机的各功能模块	● CPU、时钟系统、指令控制时序; ● ROM、RAM、I/O口
51系列单片机的各引脚功能	● 掌握51系列单片机的芯片封装形式; ● 掌握51系列单片机的各引脚功能	
51系列单片机的工作方式及工作时序	● 掌握51系列单片机的复位方式; ● 熟悉51系列单片机的程序执行方式; ● 熟悉51系列单片机的低功耗方式	

单片机的诞生

在数字计算机诞生前,为了完成简单的计算和控制任务,人们发明了使用电子管、电容、电感线圈、电阻等基础电子元器件搭建而成的模拟计算机,采用电压连续变换的模拟信号为控制信号,而不是1、0这样的数字信号。虽然模拟计算机体积巨大、功能简单、操作复杂,但在计算机技术发展早期也取得了广泛应用,同时也为计算机后期发展奠定了坚实的基础。例如,在20世纪80年代第5次中东战争时,一些国家使用的全自动自行防空炮就采用模拟计算机来实现飞机轨迹的计算,并控制火炮射击目标。1937年,第一台用继电器表示二进制的二进制电子计算机从Bell试验室产生,之后计算机技术飞速发展,特别是在集成电路出现之后,其高度的集成性,使计算机体积更小、速度更快、故障更少。人们开始制造革命性的微处理器并在此基础上开发出面向用户的个人计算机。计算机技术经过多年的积累,终于驶上了用硅铺就的高速公路。

虽然个人计算机功能强大,但当我们需要用一个装置实现某些特定的控制功能(如室内温度自动调节或洗衣机自动洗衣程序)时,个人计算机就显得笨重而昂贵了。在这种情况下,一种微型计算机应运而生,大的有几平方厘米,小的比米粒还小,这就是"单片机",全称为单片微型计算机(Single Chip Microcomputer)。与 CPU 芯片不同的是,单片机虽然也是一个芯片,但集成了 CPU、ROM、RAM、通用 I/O 口等基本单元,甚至还包括 A/D 转换电路、无线传输电路、视频解码电路等复杂功能模块,其功能变得非常强大,仅需简单外部电路即可实现复杂控制操作。

单片机是大规模集成技术发展的直接产物,在工业、民用家电、军事等方面有着极其广泛的应用。51 单片机是目前使用最为广泛、也是最具代表性的一种单片机。本章主要介绍 51 单片机的组成结构及工作原理。

1.1 单片机基本知识

1.1.1 单片机的基本概念

单片机应工业测控而诞生,其结构与指令功能主要是按照工业控制要求设计的,故又称单片微型控制器(Single Chip Microcontroller,SCM),在工业控制及日常生活中占据了很重要的位置。

根据冯·诺依曼提出的计算机经典结构,计算机由运算器、控制器、存储器、输入设备和输出设备组成。当其工作时,CPU(运算器、控制器)按照严格的时序从存储器中取指、译码、执行指令,通过数据总线在 CPU 和存储器及 I/O 口之间传递信号。单片机实际上就是一块在硅片上集成了各种部件的微型计算机,这些部件包括 CPU、数据存储器 RAM、程序存储器 ROM、定时/计数器和多种接口电路。因此,只要单片机有了简单的供电、时钟信号输入,它就可以类似个人计算机一样运行起来,实现程序的执行。

单片机种类繁多,主要有以下几种分类方式。

(1) 按照处理数据的位数来分,可以分为 4 位单片机、8 位单片机、16 位单片机、32 位单片机等。4 位单片机一次只能处理 4 位二进制数,能够实现一些简单的控制功能;8 位单片机是当前单片机的主流,具有较强的控制功能,在工业控制、智能仪表、家电、玩具等领域得到了广泛应用;16 位单片机的运算速度高于 8 位单片机的,通常内置 A/D、D/A 转换电路,有较强的寻址能力;32 位单片机具有极高的运算速度,处理能力也极强,目前应用广泛的嵌入式操作系统基本上在 32 位单片机上实现。

(2) 按照使用范围可分为通用型单片机与专用型单片机。通用型单片机有比较丰富的内部资源,性能全面且适应性强,可满足多种应用需求,它把可开发资源(如 ROM、I/O 口等)全部提供给使用者,并不是为某一种专门用途而设计的单片机。专用型单片机是针对某一类产品,甚至某个产品需要而设计、生产的单片机,针对性强且数量巨大。

(3) 按照对温度的适应能力,可以分为民用级或商业级单片机、工业级单片机及军用级单片机。民用级或商业级单片机适用于机房和一般办公环境,温度适应范围为 0 ℃～70 ℃;工业级单片机适用于工厂和工业控制中,温度适应范围为 −40 ℃～85 ℃;军用级单片机适用于环境条件苛刻、温度变化极大的野外作业,温度适应范围为 −65 ℃～125 ℃。

(4) 按照是否提供并行总线可分为总线型单片机与非总线型单片机。总线型单片机设置有 DB(Data Bus)、AB(Address Bus)、CB(Control Bus) 3 种引脚,用于扩展并行外围器件;非总线型单片机的外围器件通过串行接口(以下简称"串口")连接。

(5) 按照包含有的 ROM 形式可分为 ROM(Mask ROM)型单片机、EPROM(Erasable Programmable ROM)型单片机或 EEPROM(Electrical Erasable Programmable ROM)型单片机、无 ROM 型单片机、OTP(One Time Programmable)ROM 型单片机、Flash ROM(MTPROM)型单片机。ROM 型单片机是指内含厂家已用掩膜编好程序的 ROM,其中的程序已在出厂前固化好,不可改变,属于专用型单片机;EPROM 型或 EEPROM 型单片机是指可实现紫外线擦除或电擦除的可编程 ROM,属于通用型单片机,EPROM 芯片带有透明窗口,可通过紫外线擦除存储器中的程序代码,用户可将自己的程序写入其中;无 ROM 型单片机需外接 EPROM 或 EEPROM;OTPROM 型单片机是指用户可通过专用写入器将应用程序写入OTPROM 中,但只允许写入一次;Flash ROM 型单片机是指可由用户多次编程写入的程序存储器,与 EPROM 相比,它不需要紫外线擦除,成本低,开发、调试十分方便,能满足一般应用系统的要求。

尽管单片机的种类繁多,但目前我国使用最广泛的是 51 系列单片机,因此,本书以介绍51 单片机为主。

1.1.2 单片机的发展历程

单片机历史虽然非常短暂,但发展十分迅猛。自 1971 年美国 Intel 公司最先研制出 4 位单片机 4004 以来,单片机的发展大致分为 5 个阶段。

第一阶段(1971—1976 年):萌芽阶段,发展了各种 4 位单片机。其多用于家用电器、计算器、高级玩具等。

典型代表:美国 Fairchild 公司生产的 F8 4 位单片机。

第二阶段(1976—1980 年):初级 8 位机阶段,发展了各种低档 8 位单片机。

典型代表:Intel 公司的 48 系列单片机,此系列的单片机在片内集成了 8 位 CPU,多个并行 I/O 口、一个 8 位定时/计数器、RAM 等,无串行 I/O 口,寻址范围不大于 4 KB。其功能可以满足一般工业控制和智能化仪器仪表的需要,这时将单片机推向市场,促进了单片机的变革。

第三阶段(1980—1983 年):高性能单片机阶段,发展了各种高性能 8 位单片机。

以 51 系列为代表,这个系列的单片机均带有串行 I/O 口,具有多级中断处理系统,多个16 位定时/计数器,片内 RAM 和 ROM 容量相对增大,且寻址范围可达 64 KB。这一阶段进一步拓宽了单片机的应用范围,使之能用于智能终端、局部网络的接口,并挤入个人计算机领域,所以该类单片机的应用领域极其广泛,又由于其优良的性价比,特别适合我国的国情,故在我国得到了广泛应用,是目前应用数量较多的单片机。

第四阶段(1983—1986 年):16 位微控制器阶段,发展了 96 系列等 16 位单片机。

除了 CPU 为 16 位之外,片内 RAM 和 ROM 容量进一步增大,片内 RAM 容量增加为256 B,ROM 容量增加为 8 KB,且带有高速输入/输出部件、多通道 10 位 A/D 转换器,具有 8级中断处理系统等。其网络通信能力提高,且可用于高速的控制系统中。近年来,16 位单片机已进入实用阶段。

第五阶段(1986 年至今):32 位微控制器阶段。

1986 年,英国 Inmos 公司推出 32 位 IMST414 单片机;1990 年 2 月,美国推出 i80860 32 位超级单片机,轰动了整个计算机界,它的运算速度为 1.2 亿次/秒,可进行 32 位整数运算、64 位浮点运算,同时片内具有一个三维图形处理器,可构成超级图形工作站。随着半导体技术的发展,巨型计算机单片化将成为现实,但此类使用不多。

1.1.3 单片机的实际应用

由于单片机体积小,稳定性好,因此被广泛应用在生产、生活等领域。

1. 智能仪器仪表

单片机用于各种仪器仪表中,一方面提高了仪器仪表的使用功能和精度,使仪器仪表智能化;另一方面简化了仪器仪表的硬件结构,从而可以方便地完成仪器仪表产品的升级换代,如各种智能电气测量仪表、智能传感器(煤气检测仪)等。

2. 机电一体化产品

机电一体化产品是集机械技术、微电子技术、自动化技术和计算机技术于一体,具有智能化特征的各种机电产品。单片机在机电一体化产品的开发中可以发挥巨大的作用。典型产品有机器人、数控机床、自动包装机、点钞机、医疗设备、打印机、传真机、复印机等。

3. 实时工业控制

单片机还可以用于各种物理量的采集与控制。电流、电压、温度、液位、流量等物理参数的采集和控制均可以由单片机方便实现。在这类系统中,利用单片机作为系统控制器,根据被控对象的不同特征而采用不同的智能算法,实现期望的控制指标,从而提高生产效率和产品质量。典型应用有电机转速控制(汽车)、温度控制、自动生产线等。

4. 家用电器

家用电器是单片机的又一个重要应用领域,前景十分广阔,如空调器、电冰箱、洗衣机、电饭煲、高档洗浴设备、高档玩具等。

另外,在交通领域中均有单片机的广泛应用,如汽车自动驾驶系统、航天测控系统、"黑匣子"等。

1.2　51 系列单片机的结构及基本组成部分

常用的 8 位单片机有 3 个系列:AVR、PIC、51。其中应用最广泛的 8 位单片机首推 Intel 公司的 51 系列。这一系列的单片机包含很多种类,如 8031、8051、8751、8951、8032、8052、8752、8952 等,其技术参数如表 1-1 所示。其中名称中含有"C"符号的芯片是指采用了 CHMOS 工艺,无"C"符号的芯片是指采用了 HMOS 工艺。

一般将 51 系列单片机分为 51 子系列和 52 子系列,51 子系列是指标准型 51 单片机系列,而 52 子系列则是指增强型 51 单片机系列。通过表 1-1 可以看出,52 子系列是在 51 子系列基础上增加或者增强了一些功能,而且与 51 子系列完全兼容。

表 1-1　51 系列单片机技术参数

子系列	片内 ROM 形式				片内 ROM/KB	片内 RAM/B	寻址范围/KB	I/O 特性			中断源
	无	ROM	EPROM	Flash				定时器	并口	串口	
51 子系列	8031	8051	8751	8951	4	128	2×64	2×16	4×8	1	5
	80C31	80C51	87C51	89C51	4	128	2×64	2×16	4×8	1	5
52 子系列	8032	8052	8752	8952	8	256	2×64	3×16	4×8	1	6
	80C32	80C52	87C52	89C52	8	256	2×64	3×16	4×8	1	6

51 系列单片机中的 8051 是最早、最典型的产品,该系列中的其他单片机都是在 8051 的基础上经过功能的增减或改进而来的,因此,通常所说的 8051 或者 51 系列单片机是指一切以 8051 为内核的单片机,而不仅仅是指 Intel 公司的 8051 这一特定型号。

1.2.1　51 系列单片机结构

51 系列单片机的 51 子系列具有以下特点:8 位 CPU;4 KB 程序存储器(ROM);128 KB 的数据存储器(RAM);1 个时钟电路;32 条 I/O 线;2 个可编程 16 位定时/计数器;5 个中断源,2 个优先级;1 个全双工串行通信口;单一+5 V 电源供电。51 系列单片机的 51 子系列的结构如图 1-1 所示,其中 CPU 主要由运算器和控制器组成。程序存储器(ROM)用于存放程序、一些原始数据和表格。数据存储器(RAM)用于存放可以读/写的数据,如运算的中间结果、最终结果及欲显示的数据等。并行 I/O 口包括 4 组 8 位并行 I/O 口,既可用做输入,也可用做输出。定时/计数器既可以工作在定时模式用来实现定时功能,也可以工作在记数模式用来实现计数功能。中断系统能够实现中断信号的检测及响应。一个全双工通用异步接收/发送装置(Universal Asynchronous Receiver/Transmitter,UART)的串行 I/O 口用于实现单片机之间或单片机与微机之间的串行通信。各组成部分通过内部单一总线相连。

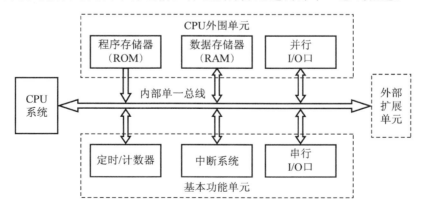

图 1-1　51 系列单片机的 51 子系列结构

52 子系列为 51 子系列的增强系列,与 51 子系列相比,除以下几点外,其他均与 51 子系列相同:8 KB 程序存储器;256 KB 的数据存储器(RAM);3 个可编程定时/计数器;6 个中断源。

由于这些不同的特性,52 子系列在应用上与 51 子系列主要有以下不同之处。

（1）增加了 4 KB 的内部 ROM，总计为 8 KB，相应地，如果外部扩展程序存储器，则从 2000H 开始从外部取址。

（2）增加了 128 B 的内部 RAM，地址范围为 80H～FFH。使用时新增的 128 B RAM 的地址因为与特殊功能寄存器地址重叠，所以只能采用间接寻址的方式读/写。

（3）增加了定时/计数器 2 个，而且该定时器也可用作波特率发生器，具备 16 位自动重装载和捕获能力。

（4）相应地增加了定时/计数器 2 中断。

（5）增加了定时器 2 的特殊功能寄存器 T2MOD、T2CON、RCAP2L、RCAP2H、TH2、TL2 等，以及诸如 T2、ET2 等控制位。

1.2.2　51 系列单片机的基本组成部分

51 系列单片机主要由 CPU 系统、CPU 外围单元、基本功能单元组成。下面分别介绍它们。

1. CPU 系统

51 单片机的 CPU 系统主要包括 CPU、时钟系统和指令控制时序。

1）CPU

CPU 是专门为面向测控对象、嵌入式应用特点而设计的，具有突出控制功能的指令系统，包含运算器和控制器。其中运算器是以算术逻辑单元（Arithmetic-Logic Unit，ALU）为核心，由累加器 ACC、通用寄存器 B、暂存器、标志寄存器、程序状态寄存器（Program Status Word，PSW）布尔处理器及 BCD 码运算调整电路等部件构成的，能够实现算术运算、逻辑运算、位运算、数据传输等。

ALU 是一个 8 位的运算器，可以完成 8 位二进制数据的加、减、乘、除等算术运算，能够完成 8 位二进制数据逻辑"与"、逻辑"或"、逻辑"异或"、循环移位、求补、清零等逻辑运算，还能够对一位二进制数据进行置位、清零、求反、测试转移及位逻辑"与"、逻辑"或"等处理。

累加器 ACC 是一个 8 位的寄存器，它通过暂存器与 ALU 相连，是 CPU 中最繁忙的寄存器。在进行算术、逻辑运算时，运算器的输入多为累加器 ACC 的输出，而运算结果又大多送到累加器 ACC 中。在 51 系列单片机指令系统中，绝大多数指令都要求累加器 ACC 参与处理。

通用寄存器 B 称为辅助寄存器，是专门为乘法和除法设置的寄存器，也是一个二进制 8 位寄存器，由 8 个触发器组成，一般与累加器 ACC 联合使用。该寄存器在做乘法或除法前用来存放乘数或除数，在乘法和除法完成后用于存放乘积的高 8 位或除法的余数。例如，除法指令中，被除数取自累加器 ACC，除数取自通用寄存器 B，运算后商存放于累加器 ACC 中，余数存放于通用寄存器 B 中。

控制部件是单片机的控制中心，包括定时控制电路、指令寄存器、指令译码器、程序计数器（Program Counter，PC）、堆栈指针（Stack Point，SP）、数据指针寄存器（Data Point Register，DPTR）及信息传送控制部件等。它先以振荡信号为基准产生 CPU 的时序，从 ROM 中取出指令到指令寄存器，然后在指令译码器中对指令进行译码，产生执行指令所需的各种控制信号，送到单片机内部的各功能部件中，指挥各功能部件执行相应的操作，实现对应的功能。

2）时钟系统

时钟系统主要用于满足 CPU 及片内各单元电路对时钟的要求，80C51 时钟电路还要满足功耗管理对时钟系统的可控要求。

8051 时钟电路主要有两种设计方式：内部时钟方式及外部时钟方式。

内部时钟方式电路是通过 8051 片内设有一个由反向放大器所构成的振荡电路和外接的定时元件，使内部振荡电路产生自激振荡，从而产生时钟信号。

外部时钟方式的时钟很少用，若要使用，只要将外部振荡信号通过单片机的 2 个时钟信号输入引脚 XTAL1 或 XTAL2 输入单片机即可。

时钟发生器把振荡频率二分频，产生一个两相时钟信号 P1 和 P2 供单片机使用。P1 在每个状态周期的前半部分有效，P2 在每个状态周期的后半部分有效。

3）指令控制时序

时序就是在执行指令过程中，CPU 产生的各种控制信号在时间上的相互关系。每执行一条指令，CPU 的控制器都产生一系列特定的控制信号，不同的指令产生的控制信号不一样。

单片机的时序信号是以单片机内部时钟电路产生的时钟周期（振荡周期）或外部时钟电路送入的时钟周期（振荡周期）为基础形成的，在它的基础上形成机器周期、指令周期和各种时序信号。

机器周期：机器周期是单片机的基本操作周期，每个机器周期包含 S1、S2、……、S6 共 6 个状态，每个状态包含 2 拍 P1 和 P2，每拍为 1 个时钟周期（振荡周期）。因此，1 个机器周期包含 12 个时钟周期，依次可表示为 S1P1、S1P2、S2P1、S2P2、……、S6P1、S6P2，如图 1-2 所示。

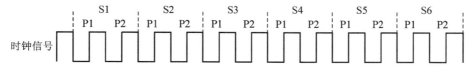

图 1-2　51 单片机的机器周期

指令周期：计算机工作时不断地取指令和执行指令。从计算机取一条指令至执行完该条指令所需要的时间称为指令周期。不同指令的指令周期不同。单片机的指令周期以机器周期为单位。51 系列单片机中，大多数指令的指令周期为 1 个机器周期或 2 个机器周期，只有乘法、除法指令需要 4 个机器周期指令。

（1）单机器周期指令的时序。

执行单机器周期指令的时序如图 1-3（a）和 1-3（b）所示，其中图 1-3（a）所示为单字节指令，图 1-3（b）所示为双字节指令。其中 ALE 是外部存储器低 8 位地址的锁存信号，在每个机器周期中两次有效：一次在 S1P2 与 S2P1 期间，另一次在 S4P2 与 S5P1 期间。

单字节指令和双字节指令都在 S1P2 期间由 CPU 取指令，将指令码读入指令寄存器，同时程序计数器 PC 加 1。在 S4P2 期间再读出 1 个字节，单字节指令取得的是下一条指令，故读后丢弃不用，程序计数器 PC 也不加 1；双字节指令读出第二个字节后，送给当前指令使用，并使程序计数器 PC 加 1。两种指令都在 S6P2 期间结束时完成操作。

（2）双机器周期指令的时序。

执行单字节、双机器周期指令的时序如图 1-3（c）所示，它在 2 个机器周期中进行了 4 次读操作码的操作，第 1 次读操作码，读出后程序计数器 PC 加 1，后 3 次读操作都是无效的，自然

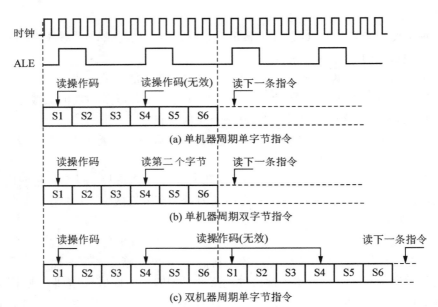

图 1-3　51 单片机的指令周期

丢失,程序计数器 PC 也不会改变。

2. CPU 外围单元

1) 51 系列单片机的存储器

存储器可以分为程序存储器(ROM)和数据存储器(RAM)。一般微机存储器结构采用普林斯顿结构,即只有一个存储器地址空间,ROM 和 RAM 可随意安排,寻址方式一致。但 51系列单片机的存储器结构采用哈佛结构,即将 ROM 和 RAM 分开,两者有各自的寻址方式、寻址空间和控制系统。程序存储器和数据存储器从物理结构上可分为片内和片外两种。它们的寻址空间和访问方式也不相同。

(1) 程序存储器(ROM)。

程序存储器用于永久存放编制好的程序、表格和数据。程序存储器以程序计数器为地址指针,通过 16 位地址总线可寻址 64 KB 的空间。51 系列单片机的程序存储器,从物理结构上可分为片内程序存储器和片外程序存储器。对于内部没有 ROM 的芯片,如 8031 单片机和8032 单片机,工作时只能扩展外部 ROM,最多可扩展 64 KB 的存储空间,地址范围为 0000H～FFFFH。对于内部有 ROM 的芯片,也可以进行 ROM 外部扩展,同样最多只能扩展为 64KB 的存储空间。其中,片外程序存储器的低地址空间和片内程序存储器的地址空间重叠。51 子系列重叠区域为 0000H～0FFFH,52 子系列重叠区域为 0000H～1FFFH,程序存储器编址如图1-4所示。

单片机在执行指令时,对于低地址部分,是从片内程序存储器取指令还是从片外程序存储器取指令,是根据单片机上的片外程序存储器选用引脚 $\overline{EA}$ 电平的高低来决定的。$\overline{EA}$ 接低电平,则从片外程序存储器取指令;$\overline{EA}$ 接高电平,则从片内程序存储器取指令。对于 8031 单片机和 8032 芯片,$\overline{EA}$ 只能保持低电平,指令只能从片外程序存储器取得。

51 系列单片机执行程序时,由程序计数器 PC 指示指令地址,复位后的程序计数器 PC 地

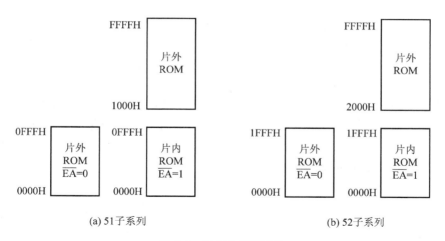

(a) 51子系列　　　　　　　　　　(b) 52子系列

图 1-4　程序存储器编址

址为 0000H,因此系统从 0000H 单元开始取指令码,并执行程序。程序存储器的 0000H 单元是系统执行程序的起始地址。这里一般放置一条绝对转移指令,将地址指针转移到用户设计的主程序的起始地址。另外,在程序存储器中还有一个固定的中断源入口地址区,这一区域同样用于存放地址绝对转移指令,用于将地址指针转移到中断源对应的中断服务程序所在的起始地址,不得随意被其他程序指令占用。在 0032H 单元之后即为用户程序区,用户可以将设计程序放在用户程序区的任一位置。为了避免占用以上特殊地址,一般习惯将用户程序放在从 0100H 开始之后的区域。

(2) 数据存储器(RAM)。

数据存储器在单片机中用于存放运算的中间结果,进行数据暂存、数据缓冲和标志位等。它从物理结构上分为片内数据存储器和片外数据存储器。51 系列单片机片内有 128 B 或 256 B 的数据存储器。当数据存储器不够时,可扩展外部数据存储器,扩展的外部数据存储器最多为 64 KB,外部数据存储器和外部 I/O 口实行统一编址,地址码为 0000H～FFFFH,使用选通信号进行控制访问。数据存储器编址如图 1-5 所示。

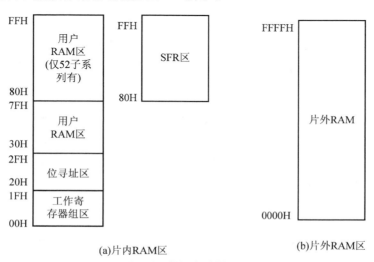

(a)片内RAM区　　　　　　(b)片外RAM区

图 1-5　数据存储器编址

51 系列单片机的片内数据存储器可以分为工作寄存器组、位寻址区、用户 RAM 区和特殊功能寄存器(Special Function Registers,SFR)区。对于 52 子系列,RAM 的存储空间有 256 B,用户 RAM 区编址部分 80H~FFH 与 SFR 区重叠,在访问时需要通过不同的指令进行区分。

工作寄存器组也称通用寄存器组,占据 00H~1FH 地址单元,共 32 B,用于 CPU 运算时产生临时数据时寄存,分为 4 组,分别为 0 组、1 组、2 组和 3 组。每组 8 个寄存器,依次用 R0~R7 表示。使用哪一组当中的寄存器由 PSW 中的 RS0 和 RS1 两位来选择。不用的工作寄存器区单元可以做一般的 RAM 使用,在 CPU 复位后总是选中第 0 组工作寄存器。工作寄存器地址如表 1-2 所示。

表 1-2　工作寄存器地址表(十六进制)

组号	RS1	RS0	R0	R1	R2	R3	R4	R5	R6	R7
0	0	0	00H	01H	02H	03H	04H	05H	06H	07H
1	0	1	08H	09H	0AH	0BH	0CH	0DH	0EH	0FH
2	1	0	10H	11H	12H	13H	14H	15H	16H	17H
3	1	1	18H	19H	1AH	1BH	1CH	1DH	1EH	1FH

位寻址区占据 20H~2FH 地址单元,共 16 B,128 位,每位都可以按位寻址方式使用,每位都有一个位地址,位地址范围为 00H~7FH,它的具体情况如表 1-3 所示。

表 1-3　位寻址区地址表(十六进制)

字节单元地址	D7	D6	D5	D4	D3	D2	D1	D0
20H	07	06	05	04	03	02	01	00
21H	0F	0E	0D	0C	0B	0A	09	08
22H	17	16	15	14	13	12	11	10
23H	1F	1E	1D	1C	1B	1A	19	18
24H	27	26	25	24	23	22	21	20
25H	2F	2E	2D	2C	2B	2A	29	28
26H	37	36	35	34	33	32	31	30
27H	3F	3E	3D	3C	3B	3A	39	38
28H	47	46	45	44	43	42	41	40
29H	4F	4E	4D	4C	4B	4A	49	48
2AH	57	56	55	54	53	52	51	50
2BH	5F	5E	5D	5C	5B	5A	59	58
2CH	67	66	65	64	63	62	61	60
2DH	6F	6E	6D	6C	6B	6A	69	68
2EH	77	76	75	74	73	72	71	70
2FH	7F	7E	7D	7C	7B	7A	79	78

用户 RAM 区占据 30H～7FH 地址单元,共 80 B;52 子系列的用户 RAM 区占据 30H～FFH 地址单元。用户 RAM 区可作为堆栈区、数据缓冲区和工作单元,只能用字节地址寻址。前两区中未用的单元也可作为用户 RAM 单元使用。

特殊功能寄存器也称专用寄存器,是 80C51 单片机中各功能部件对应的寄存器,用于存放相应功能部件的控制命令、状态或数据,专门用于控制、管理片内算术逻辑部件、并行 I/O 口、串口、定时/计数器、中断系统等功能模块的工作。用户在编程时可以给其设定值,但不能移作他用。

51 子系列有 18 个特殊功能寄存器(其中 3 个为双字节,共占用 21 B);52 子系列有 21 个特殊功能寄存器(其中 5 个为双字节,共占用 26 B)。所有的特殊功能寄存器均离散分布在 80H～FFH 的地址空间,其余未定义字节无法被用户访问,如果访问这些字节,则只能得到不确定值。

特殊功能寄存器的名称、符号及地址如表 1-4 所示。

表 1-4 特殊功能寄存器的名称、符号及地址

特殊功能寄存器的名称	符号	地址	位地址与位名称							
			D7	D6	D5	D4	D3	D2	D1	D0
P0 口	P0	80H	87	86	85	84	83	82	81	80
堆栈指针	SP	81H								
数据指针低字节	DPL	82H								
数据指针高字节	DPH	83H								
定时/计数器控制	TCON	88H	TF1	TR1	TF0	TR0	IE1	IT1	IE0	IT0
			8F	8E	8D	8C	8B	8A	89	88
定时/计数器方式	TMOD	89H	GATE	C/T	M1	M0	GATE	C/T	M1	M0
定时/计数器 0 低字节	TL0	8AH								
定时/计数器 0 高字节	TH0	8BH								
定时/计数器 1 低字节	TL1	8CH								
定时/计数器 1 高字节	TH1	8DH								
P1 口	P1	90H	97	96	95	94	93	92	91	90
电源控制	PCON	97H	SMOD				GF1	GF0	PD	IDL
串口控制	SCON	98H	SM0	SM1	SM2	REN	TB8	RB8	TI	RI
			9F	9E	9D	9C	9B	9A	99	98
串口数据	SBUF	99H								
P2 口	P2	A0H	A7	A6	A5	A4	A3	A2	A1	A0
中断允许控制	IE	A8H	EA		ET2	ES	ET1	EX1	ET0	EX0
			AF		AD	AC	AB	AA	A9	A9
P3 口	P3	B0H	RD	WR	T1	T0	INT1	INT0	TXD	RXD
			B7	B6	B5	B4	B3	B2	B1	B0

特殊功能寄存器的名称	符号	地址	位地址与位名称							
			D7	D6	D5	D4	D3	D2	D1	D0
中断优先级控制	IP	B8H			PT2	PS	PT1	PX1	PT0	PX0
					BD	BC	BB	BA	B9	B8
定时/计数器 2 控制	T2CON	C8H	TF2	EXF2	RCLK	TCLK	EXEN2	TR2	C/T2	CP/RL2
			CF	CE	CD	CC	CB	CA	C9	C8
定时/计数器 2 重装载低字节	RLDL	CAH								
定时/计数器 2 重装载高字节	RLDH	CBH								
定时/计数器 2 低字节	TL2	CCH								
定时/计数器 2 高字节	TH2	CDH								
程序状态寄存器	PSW	D0H	CY	AC	F0	RS1	RS0	OV		P
			D7	D6	D5	D4	D3	D2	D1	D0
累加器 ACC	ACC	E0H	E7	E6	E5	E4	E3	E2	E1	E0
寄存器 B	B	F0H	F7	F6	F5	F4	F3	F2	F1	F0

在表 1-4 中，既有位地址，也有对应标示符的特殊功能寄存器可以直接进行位操作，如定时/计数器控制寄存器 TCON、串口控制寄存器 SCON 等；而只有位地址，无对应标示符的可以通过位定义后进行位操作，如 P0 口寄存器 P0、P1 口寄存器 P1 等；无位地址的只能进行字节操作，无法进行位操作，如堆栈指针寄存器 SP 和数据指针寄存器 DPL、DPH 等。

2）51 系列单片机的并行 I/O 口

51 系列单片机有 4 组 8 位的并行 I/O 口，共 32 根 I/O 线。每个口主要由 4 部分组成：端口锁存器（特殊功能寄存器中的 P0～P3）、输入缓冲器、输出驱动电路及引至端口外的端口引脚。每组 I/O 口的结构各不相同，下面分别介绍。

（1）P0 口。

P0 口是一个三态双向端口，可作为地址/数据分时复用接口，也可作为通用的 I/O 口。P0 口由 1 个输出锁存器、2 个三态缓冲器、1 个输出驱动器、1 个输出控制电路及 1 个输出引脚组成。它的一位结构如图 1-6 所示。

当控制信号为逻辑 0 时，与门输出低电平，T1 被截止，选择开关接锁存器 $\overline{Q}$ 端，控制 T2，此时 P0 口作为通用 I/O 口使用。

当 CPU 对 P0 口进行写操作时，写脉冲加到锁存器的 CLK 上，其上升沿将来自内部总线的数据经 D 端传送到 Q 端，在 $\overline{Q}$ 端取反。若内部总线数据为逻辑 0，则通过 $\overline{Q}$ 端取反后为逻辑 1，令 T2 导通，从而使输出端输出低电平；若内部总线数据为逻辑 1，则通过 $\overline{Q}$ 端取反后为逻辑 0，令 T2 截止，由于 T1 也被截止，此时输出状态为高阻态而非高电平。若要输出高电平，则 P0 端口外部必须接上拉电阻。

当 CPU 对 P0 口进行读操作时，通过读锁存器和读引脚打开 2 个三态缓冲器，读取外部输入信号或回读前一个输出信号。需要注意的是，由于 P0.n 引脚的信号既加到 T2 又加到一

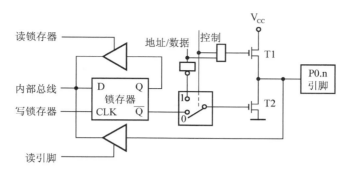

图 1-6　P0 口的一位结构

个三态缓冲器上,如果此前该端口输出过逻辑 0,则会令 T2 导通,从而导致引脚上的电位被钳位在低电平,使输入的高电平逻辑 1 无法读入。因此在输入数据前,应先向端口写逻辑 1,使 T2 截止。

因此,P0 口做通用 I/O 口时,是一个准双向口,但是做输出口使用时必须外接上拉电阻。而做输入口使用时,若 P0 之前的状态为输出状态,为了避免数据冲突,需要先向 P0 口的锁存器写逻辑 1。

当控制信号为逻辑 1 时,T1 由地址/数据线控制,选择开关接地址/数据线非门输出端,控制 T2,此时 P0 口作为地址/数据时分复用总线使用。

P0 口做地址/数据复用总线使用时可分为两种情况:一种是通过 P0 口向外输出地址及数据;另一种是通过 P0 口向外输出地址,向内输入数据。如果从 P0 口输出地址或数据信号,当地址或数据为逻辑 1 时,T1 导通,通过非门令 T2 截止,P0.n 引脚上出现相应的高电平逻辑 1;当地址或数据为逻辑 0 时,T1 截止,通过非门令 T2 导通,P0.n 引脚上出现相应的低电平逻辑 0,从而输出地址/数据的信号。如果从 P0 口输入数据,输入数据从引脚下方的三态输入缓冲器进入内部总线。

P0 口的输出级驱动能力在 51 系列单片机的 4 组 I/O 口中是最强的,能够最多驱动 8 个 LSTTL 负载,输出电流不大于 800 μA。

(2) P1 口。

P1 口是准双向口,做通用 I/O 口使用。P1 口的锁存电路结构与 P0 口的相同,但其输出只由一个场效应晶体管 T1 与内部上拉电阻组成,如图 1-7 所示。其输入/输出原理特性与 P0 口作为通用 I/O 口使用时一样,作为输入口使用时,必须先向对应的锁存器置"1",使 T1 截止;作为输出口使用时,由于可以提供电流负载,因此不必像 P0 口那样需要外接上拉电阻。P1 口具有驱动 4 个 LSTTL 负载的能力。

(2) P2 口。

P2 口是一个准双向口,其位结构与 P0 口的类似,如图 1-8 所示。当系统中有片外存储器时,P2 用于输出高 8 位地址。此时控制信号输出逻辑 1,令选择开关接通地址信号。P2 口作为通用 I/O 口使用时,控制信号输出逻辑 0,选择开关接通锁存器 Q 端,此时,其工作原理和负载能力与 P1 口的一致。

一般而言,对于无片内 ROM 的芯片,如 80C31 单片机,P2 口通常只做地址总线口使用,而不做 I/O 线直接与外围设备连接。此时,由于单片机工作时一直不断地取指令,因而 P2

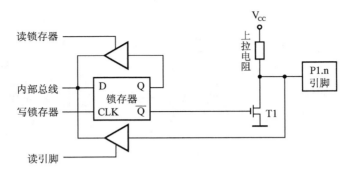

图 1-7　P1 口的一位结构

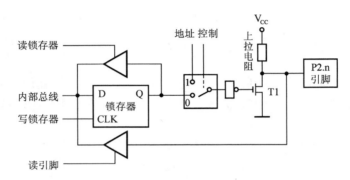

图 1-8　P2 口的一位结构

口将不断地送出高 8 位地址,而不能做通用 I/O 口使用。但如果系统仅扩展 RAM,则分为两种情况:当片外 RAM 容量不超过 256 B 时,访问 RAM 只需 P0 端口送出低 8 位地址即可,P2 口仍可作为通用 I/O 口使用;当片外 RAM 容量大于 256 B 时,需要 P2 口提供高 8 位地址,这时 P2 口就不能做通用 I/O 口使用。

（3）P3 口。

P3 口除了作为通用 I/O 口使用外,还有第二功能,如表 1-5 所示。其一位结构如图 1-9 所示。和 P1 口相比,P3 口多了一个第二功能输出端,另外引脚输入通路上多了一个缓冲器,作为第二功能输入缓冲。

表 1-5　P3 口的第二功能

P3 口的引脚	第二功能
P3.0	RXD:串口输入端
P3.1	TXD:串口输出端
P3.2	$\overline{INT0}$:外部中断 0 请求输入端,低电平有效
P3.3	$\overline{INT1}$:外部中断 1 请求输入端,低电平有效
P3.4	T0:定时/计数器 0 外部计数脉冲输入端
P3.5	T1:定时/计数器 1 外部计数脉冲输入端
P3.6	$\overline{WR}$:外部数据存储器写信号,低电平有效
P3.7	$\overline{RD}$:外部数据存储器读信号,低电平有效

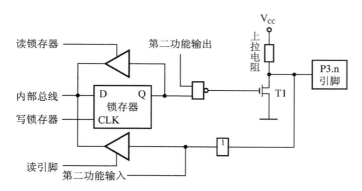

图 1-9　P3 口的一位结构

当 P3 口作为通用 I/O 口时,第二功能输出线为逻辑 1,与非门的输出取决于锁存器的状态。这时,P3 是一个准双向口,它的工作原理、负载能力与 P1、P2 口的相同。

当 P3 口作为第二功能使用时,CPU 向锁存器自动写逻辑 1,与非门的输出取决于第二功能输出。需要注意的是,在实现第二功能输入时,CPU 会令锁存器输出和第二功能输出均变为逻辑 1,从而截止 T1,避免 T1 被钳位在低电平,同时关闭两个读三态缓冲器,使 P3 口第二功能中的输入信号 RXD、INT0、INT1、T0、T1 经缓冲器直接进入芯片内部。

3. 基本功能单元

51 系列单片机的体系结构能够支持芯片完成以下基本功能。

1) 定时/计数功能

在日常生活或工业控制中,经常要实现定时或计数功能,有多种方法可以实现定时功能,如软件定时、硬件定时等。软件定时是通过循环程序来实现延时,系统不需要增加任何硬件,但需要长期占用 CPU;硬件定时需要系统额外增加电路,而且使用上不够灵活。51 系列单片机有两个 16 位可编程的定时/计数器,使用方便,定时精确。

2) 中断功能

中断功能是为了让 CPU 对单片机内部或者外部随机发生的事件进行实时处理而设置的。51 系列单片机内的中断系统能大大提高处理外部或内部突发事件的能力,化解快速的 CPU 和慢速的外围设备之间的矛盾。

3) 串行通信

串行通信是计算机与外界交换信息的一种基本方式,是指将二进制数据的每个二进制位按照一定的顺序及速率,按位进行传送的通信方式。串行通信在单片机及其他处理器构成的控制系统中应用非常广泛。51 系列单片机的串口是一个全双工通信接口,能够同时发送和接收数据。

1.3　51 系列单片机的芯片封装及引脚功能

1.3.1　51 系列单片机的芯片封装

可扩展的单片机有 44 个引脚的方形封装形式和 40 个引脚的双列直插式封装形式,最常

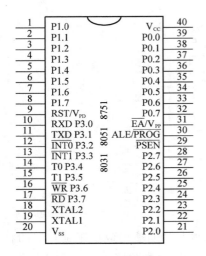

图 1-10 51 单片机引脚与
外部总线结构

用的是双列直插式封装,其引脚排列如图 1-10 所示。

1.3.2 51 系列单片机的引脚功能

1. 主电源引脚

V_{CC}(40 引脚):接+5 V 电源正极。

V_{SS}(20 引脚):接+5 V 电源接地端。

2. 并行 I/O 口

1) P0 口(32~39 引脚)

P0.0~P0.7 统称为 P0 口。在不接片外存储器与不扩展 I/O 口时,作为准双向输入/输出接口。在接有片外存储器或扩展 I/O 口时,P0 口分时复用为低 8 位地址总线和双向数据总线。

2) P1 口(1~8 引脚)

P1.0~P1.7 统称为 P1 口,可作为准双向 I/O 口使用。对于 52 子系列,P1.0 与 P1.1 还有第二功能:P1.0 可用作定时/计数器 2 的计数脉冲输入端 T2,P1.1 可用作定时/计数器 2 的外部控制端 T2EX。

3) P2 口(21~28 引脚)

P2.0~P2.7 统称为 P2 口,一般可作为准双向 I/O 口使用;在接有片外存储器或扩展 I/O 口且寻址范围超过 256 B 时,P2 用作高 8 位地址总线。

4) P3 口(10~17 引脚)

P3.0~P3.7 统称为 P3 口。除作为准双向 I/O 口使用外,每一位还具有独立的第二功能,P3 口的第二功能如表 1-5 所示。

3. 时钟信号输入引脚(内部时钟、外部时钟的方式及电路)

XTAL1 引脚是内部振荡电路反相放大器的输入端,XTAL2 引脚是内部振荡电路反相放大器的输出端。

4. 控制引脚

1) ALE/$\overline{PROG}$(30 引脚)

地址锁存信号输出端。ALE 在每个机器周期内输出两个脉冲。在访问片外程序存储器期间,下降沿用于控制锁存 P0 端口输出的低 8 位地址;在不访问片外程序存储器期间,可作为对外输出的时钟脉冲或用于定时目的。但要注意,在访问片外数据存储器期间,ALE 脉冲会跳空一个,此时作为时钟输出就不妥了。

对于片内含有 EPROM 的机型,在编程期间,该引脚用作编程脉冲$\overline{PROG}$的输入端。

2) $\overline{PSEN}$(29 引脚)

片外程序存储器读选通信号输出端,低电平有效。在从外部程序存储器读取指令或常数期间,每个机器周期该信号有效两次,通过数据总线 P0 口读回指令或常数。在访问片外数据存储器期间,$\overline{PSEN}$信号不出现。

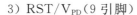

3）RST/V$_{PD}$（9引脚）

RST即为复位信号输入，V$_{PD}$为备用电源。该引脚为单片机的上电复位或掉电保护端。当单片机振荡器工作时，该引脚上出现持续两个机器周期以上的高电平，就可实现复位操作。此外，该引脚可接上备用电源，当V$_{CC}$端发生故障，或电压降低到低电平规定值或掉电时，该备用电源为内部RAM供电，以保证RAM中的数据不丢失。

4）$\overline{EA}$/V$_{PP}$（31引脚）

$\overline{EA}$为片外程序存储器选用端。该引脚为低电平时选用片外程序存储器，为高电平时选用片内程序存储器。

1.4　51系列单片机的工作方式

单片机的工作方式主要包括复位方式、程序执行方式、低功耗方式等。

1.4.1　复位方式

复位操作完成单片机片内电路的初始化，使单片机可以从一种确定的状态开始运行。

51系列单片机有一个复位引脚RST，高电平有效。当时钟电路工作后，若CPU检测到RST端出现两个机器周期以上的高电平，则令系统内部复位。复位后单片机内部各寄存器的内容如表1-6所示。

表1-6　复位后单片机内部各寄存器的内容

特殊功能寄存器	初 始 内 容	特殊功能寄存器	初 始 内 容
A	00H	TCON	00H
PC	0000H	TL0	00H
B	00H	TH0	00H
PSW	00H	TL1	00H
SP	07H	TH1	00H
DPTR	0000H	SCON	00H
P0～P3	FFH	SBUF	XXXXXXXXB
IP	XX000000B	PCON	0XXX0000B
IE	0X000000B	TMOD	00H

1.4.2　程序执行方式

单片机执行的程序放置在程序存储器中，可以是片内ROM，也可以是片外ROM。系统上电或者复位后，PC指针总是指向0000H，程序总是从0000H开始执行，而从0003H～0032H开始是中断服务程序区，因此，用户程序都放置在中断服务区后面，在0000H处放入一条长转移指令转移到用户程序。

计算机每执行一条指令都可以按照以下 3 个阶段进行。

（1）取指令：根据 PC 中的值从 ROM 读出现行指令，送到指令寄存器。

（2）分析指令：将指令寄存器中的指令操作码取出后进行译码，分析其指令性质。如果指令要求操作数，则寻找操作数地址。

（3）执行指令：取出操作数，然后按照操作码的性质对操作数进行操作。

计算机执行程序的过程实际上就是指令逐条重复上述操作过程，直至遇到停机指令或循环等待指令。

1.4.3 低功耗方式

单片机经常在无人值守的环境中（如野外摄录机）或处于长期运行的监测系统中（如电表等）使用，要求系统的功耗很小，这就要求单片机采用低功耗方式来工作。

在 51 系列单片机中，不同工艺的芯片有着不同的节电方式。例如，HMOS 芯片本身运行功耗较大，这类芯片没有设置低功耗运行方式，因此，为了减小系统的功耗，设置了掉电方式；CHMOS 芯片运行时耗电少，有两种节电运行方式，即掉电保护方式和待机方式。

掉电保护方式是在 RST/V_{PD} 端接上备用电源，当单片机正常运行时，单片机由主电源 V_{CC} 供电，当 V_{CC} 掉电或 V_{CC} 电压低于 RST/V_{PD} 端备用电源电压时，则由备用电源向单片机维持供电。在掉电保护方式下，单片机中只保持内部 RAM 的工作，以避免数据丢失，而包括片内振荡器在内的所有其他部件均停止工作。V_{CC} 正常后，只需保持复位信号 10 ms 即可退出掉电保护方式。

待机方式是中断内部振荡器提供给 CPU 的时钟信号，仅向中断逻辑、串口和定时/计数器电路提供时钟，使 CPU 停止工作，但保留中断功能。因此待机方式的退出除了可采用复位方式外，还可以通过中断来实现。

待机方式和掉电保护方式都可以由电源控制寄存器 PCON 中的有关控制位控制。该寄存器的单元地址为 87H，其各位的含义如表 1-7 所示。

表 1-7　电源控制寄存器 PCON 的格式

	D7	D6	D5	D4	D3	D2	D1	D0
PCON	SMOD	—	—	—	GF1	GF0	PD	IDL

SMOD(PCON.7)：波特率倍增位，与电源控制无关，只有在串行通信时才使用。当 SMOD 置 1，且串口工作于方式 1、2、3 时，波特率加倍。

GF1、GF0：通用标志位。

PD(PCON.1)：掉电方式位。当将 PD 置 1 时，进入掉电保护方式。

IDL(PCON.0)：待机方式位。当 IDL 置 1 时，进入待机方式。

如果 PD 和 IDL 同时为 1，则只取 PD 为 1，进入掉电保护方式。复位时，PCON 的值为 0XXX0000B，单片机处于正常运行方式。

<h1 align="center">习　　题</h1>

1. 什么是单片机？单片机的发展历程经历了几个阶段？分别是什么？

2. 51 系列单片机有什么特点？51 子系列和 52 子系列有什么区别？

3. 51 系列单片机由哪几个部分组成？

4. 51 系列单片机的特殊功能寄存器有多少个？占据多少个字节？哪些可以直接进行位操作？

5. 51 系列单片机有几组 I/O 口？它们各自的结构是什么样的？有什么功能？

6. 与其他 I/O 口相比，P0 口在充当 I/O 口时有什么不一样的地方？

7. 什么是机器周期？什么是指令周期？51 系列单片机的一个机器周期包括多少个时钟周期？

8. 51 系列单片机的 ALE 端口有什么功能？如果时钟周期的频率为 12 MHz，那么 ALE 信号的频率为多少？

9. 51 系列单片机如何才能实现复位操作？复位方式有哪些？

10. 51 系列单片机的时钟方式有几种？其各自的接口方式是什么样的？

11. 51 系列单片机的 $\overline{EA}$ 引脚有什么功能？若选用片内 ROM 或片外 ROM，$\overline{EA}$ 引脚分别应该怎样设置？

12. 51 系列单片机的程序执行方式是怎样的？

13. 51 系列单片机的节电方式是怎样的？

第 2 章　单片机最小系统

学习目标
- 掌握单片机最小系统的硬件设计方法;
- 掌握 Keil μVision 4 集成开发环境的用法;
- 掌握基于 Keil C51 的单片机程序开发流程。

教学要求

知 识 要 点	能 力 要 求	相 关 知 识
单片机最小系统的设计	● 掌握最小系统硬件电路的构成并能自行动手制作	● 单片机振荡电路、复位电路、程序下载方式
Keil μVision4 集成开发环境	● 了解 Keil μVision4 集成环境中各界面窗口的作用; ● 掌握工程创建、源文件添加、源文件编译及程序调试方法	● 调试运行方式:运行、步入、步出、步过
单片机程序开发流程	● 掌握软件开发流程; ● 掌握程序下载方式	● 软件仿真器、单片机下载方式、下载接口、下载线、下载软件

单片机开发软件的发展

单片机开发中除必要的硬件外,同样离不开软件。我们编写的源程序要变为 CPU 可以执行的机器码,需要使用编译器将编写好的程序编译为机器码,才能将 HEX 可执行文件写入单片机内。单片机开发语言主要有汇编语言和 C 语言。用于 51 系列单片机的汇编软件有早期的 A51,随着单片机开发技术的不断发展,从普遍使用汇编语言开发到逐渐使用高级语言开发,单片机的开发软件也在不断发展。Keil 软件是目前众多 51 系列单片机应用开发软件中最优秀的软件之一,它支持众多公司的 51 架构的芯片,集 C 编译器、宏汇编、链接器、库管理及功能强大的仿真调试器于一体,通过一个集成开发环境(μVision)将这些部分组合在一起。其界面与常用的微软 Visual C++的界面相似,易学易用,在程序调试、软件仿真方面也有很强大的功能。运行 Keil 软件需要 Pentium 或以上的 CPU,16 MB 或更多 RAM、20 MB 以上空闲的硬盘空间、Windows 98、Windows NT、Windows 2000、Windows XP 等操作系统。

单片机技术是一项软硬件结合十分紧密的应用型技术,因此,要使用单片机进行产品设计,不仅需要掌握硬件设计方法,还需要掌握软件开发流程。

2.1　单片机最小系统介绍

单片机无法单独使用,要实现单片机的控制功能,必须连接外接设备配合使用。最小系统是保证单片机能够实现最简单功能的极精简的单片机电路结构,至少包括单片机时钟电路、复位电路及下载接口。为了观察不同程序运行下单片机的输出变化,一般还会使用一组 I/O 口外接发光二极管。

2.1.1 时钟电路

由第 1 章的学习可知,51 系列单片机时钟电路主要有两种设计方式:内部时钟方式及外部时钟方式。

内部时钟方式的电路如图 2-1 所示,通过单片机内设的振荡电路和外接的定时元件,使内部振荡电路产生自激振荡,从而产生时钟信号。定时元件通常采用由石英晶体和电容组成的并联谐振回路。振荡频率可以在 1.2~24 MHz 之间选择,电容值可在 5~33 pF 之间选择,电容的大小可起频率微调作用。

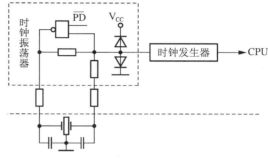

图 2-1 内部时钟方式电路图

外部时钟方式的时钟很少用,若要使用,只要将外部振荡信号通过单片机的两个时钟信号输入引脚 XTAL1 或 XTAL2 输入单片机即可。对外部振荡信号无特殊要求,只要保证脉冲宽度,一般采用频率低于 24 MHz 的方波信号。对于 HMOS 单片机,XTAL1 引脚接地,XTAL2 引脚接片外振荡脉冲输入端(带上拉电阻);对于 CHMOS 单片机,外部振荡信号从 XTAL1 引脚输入,XTAL2 引脚悬空,如图 2-2 所示。

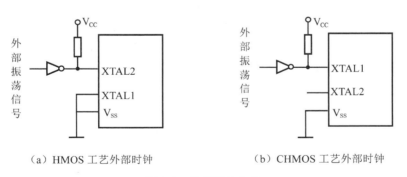

(a) HMOS 工艺外部时钟   (b) CHMOS 工艺外部时钟

图 2-2 外部时钟方式

2.1.2 复位电路

复位电路有两种方式:上电复位和按键复位,如图 2-3 所示。上电复位指的是电源接通后自动实现复位操作,按键复位指的是在电源接通的条件下,单片机运行期间,如果发生死机或运行异常,可使用按键开关操作令单片机复位。

要实现复位操作,必须使 RST 引脚至少保持两个机器周期(24 个振荡器周期)的高电平。CPU 在第二个机器周期内执行内部复位操作,以后每个机器周期重复一次,直至 RST 端电平变低。

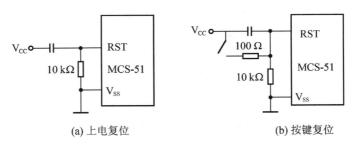

(a) 上电复位　　　　　　　　　　　　　　　　(b) 按键复位

图 2-3　复位电路

2.1.3　51 单片机下载方式

现在常用的 51 Flash 型单片机一般采用 ISP(In-system Programming,在线系统编程)方式,使用特定下载线通过单片机的 SPI(Serial Peripheral Interface,串行外围设备接口)进行程序下载。这种下载方式的优点是可以对焊接在电路板上的器件进行在系统重复编程。在系统可编程是 Flash 存储器的固有特性,Flash 几乎都采用这种方式编程。

1. SPI

51 系列单片机在进行程序下载时使用的是 SPI 总线系统。该系统是一种同步串行外围设备接口,允许 MCU 与各种外围设备以串行方式进行通信与数据交换,广泛应用于各种工业控制领域。基于此标准,SPI 总线系统可以直接与各个厂家生产的多种标准外围部件直接接口。

SPI 通常包含 4 根线:串行时钟(SCK)、主机输入/从机输出数据线(MISO)、主机输出/从机输入数据线(MOSI)和低电平有效的从机选择线 SS。在低电平有效的从机选择线 SS 使能的前提下,主机的 SCK 脉冲将在数据线上传输主/从机的串行数据。

程序下载通常发生在计算机和单片机之间,以计算机作为主机,而单片机作为从机建立联系。51 系列单片机的 P1.7 口为 SCK 数据线,输入移位脉冲;P1.6 口为 MISO 数据线,串行输出;P1.5 口为 MOSI 数据线,串行输入。

2. 单片机下载线

根据电气特性的不同及电路保护的要求,下载时单片机和计算机之间不能直接连接,必须通过特定下载线进行连接。单片机下载线主要有 3 种:25 针并口下载线、9 针串口下载线及 USB 下载线,如图 2-4 所示。其中,9 针串口下载线及 25 针并口下载线制作较简单,分别如图 2-5 及图 2-6 所示。

 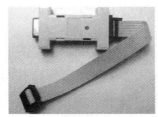 

(a) 25 针并口下载线　　　　　　(b) 9 针串口下载线　　　　　　(c) USB 下载线

图 2-4　单片机下载线

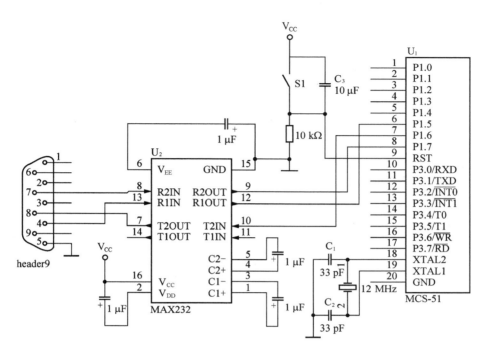

图 2-5   单片机 9 针串口下载线

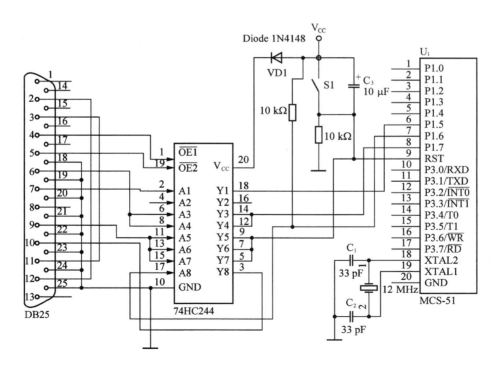

图 2-6   单片机 25 针并口下载线

在图 2-5 中,使用了 MAX232 芯片。该芯片是由美信(MAXIM)公司推出的一款兼容 RS-232 标准的芯片,可以将计算机串口 RS-232 电平($-10 \sim +10$ V)和单片机 TTL 电平($0 \sim +5$ V)进行相互转换,从而实现计算机与单片机之间的相互通信。该芯片采用单 5 V 电源供电,主要包含 2 个驱动器、2 个接收器和 1 个提供 RS-232 电平的电压发生器电路。其中接收器将 RS-232 电平转换成 TTL 电平,发生器将 TTL 电平转换成 RS-232 电平。在图 2-5 中,9 针串口的 4 引脚输出编程命令和数据到单片机的 MOSI 端;7 引脚输出串行编程时钟信号到单片机的 SCK 端;单片机读出的信息经 MISO 端输出到 9 针串口的 8 引脚。

由于计算机并口输出高电平是 3.3 V 左右,达不到单片机高电平要求,因此在制作并口下载线时,需要使用缓冲器提升电平。图 2-6 中使用的是 74HC244,还可以使用 74HC373、74HC541 等,具体电路连接方式需要根据其并口引脚和控制线的控制方式进行相应调整。在图 2-6 中,25 针并口的 4、5 引脚用来控制两组缓冲器的输出,在其输出低电平时,所控制的缓冲器可正常传递数据;输出高电平时,所控制的缓冲器输出端为高阻态;7 引脚输出编程命令和数据到单片机的 MOSI 端;6 引脚输出串行编程时钟信号到单片机的 SCK 端;9 引脚输出复位信号到 RST 端;单片机读出的信息经 MISO 端输出到 LPT 的 10 引脚,为了保证高电平输出,这里添加上了一个 100 kΩ 的上拉电阻;74HC244 的电源由单片机系统板上的 5 V 电源通过二极管 VD1 提供。

3. 单片机下载软件

单片机下载软件有很多种,如 STC-ISP、广州双龙公司的 MCU-ISP、智峰软件工作室的 PROG-ISP 等。不同的下载软件支持的芯片和下载线有所区别,因此,使用时需要根据实际使用的单片机型号和下载线进行选择。下载时,一般需要设置通信端口(并口、串口、USB 口)、单片机型号等参数,如果采用串口下载,还需选择传输速率,如图 2-7 所示。设置完参数后,选择目标文件,即可进行程序擦除、下载等操作。

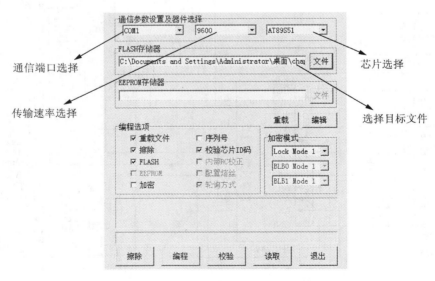

图 2-7　单片机下载软件

2.1.4 单片机最小系统的设计

综上所述,若选择使用内部时钟及按键复位方式,并使用 P0 口外接 8 个发光二极管以作为输出显示电路,则单片机最小系统可设计为如图 2-8 所示的电路。

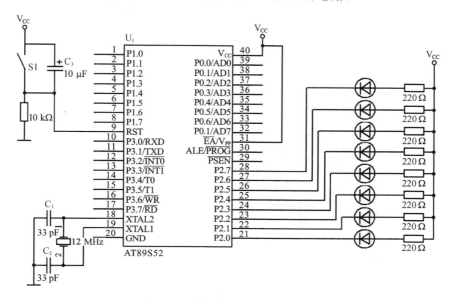

图 2-8 单片机最小系统电路图

需要注意的是,不进行片外 ROM 扩展的情况下,单片机 EA 引脚必须接高电平,使程序存储和读取时自动选取片内 ROM,而不能悬空,否则可能造成程序下载失败或下载成功后无法正常运行。

2.2 Keil C51 软件简介

Keil μVision4 是 Keil 公司于 2009 年发布的,与之前的版本相比,Keil μVision4 引入了更为灵活的窗口管理系统,可以使开发人员同时使用多台监视器,更好地利用屏幕空间并有效组织多个窗口。

2.2.1 程序编辑界面

启动 Keil μVision4 应用程序,出现如图 2-9 所示的启动画面。集成开发环境如图 2-10 所示。Keil μVision4 编译环境包括菜单条、工具栏、工程管理区、文件编辑窗口及输出窗口。

1. 菜单条

菜单条是在软件程序设计过程中所涉及的所有操作及处理项目。根据操作类型可分为文件菜单、编辑菜单、视图菜单、工程菜单、闪存菜单、调试菜单、外围设备菜单等。

文件菜单主要用于对单个文件的操作,包括新建、打开、关闭、保存、另存为、打印等。

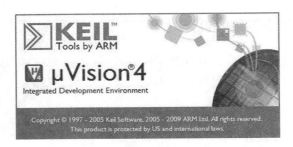

图 2-9　Keil μVision4 开发环境启动画面

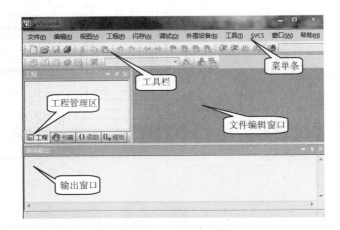

图 2-10　Keil μVision4 程序编辑界面

编辑菜单主要用于对源文件的编辑操作,包括撤销、剪切、复制、粘贴、插入书签、查找等。

视图菜单主要用于对编译界面各种窗口的管理。在程序编译状态时,视觉菜单包括状态栏、工具栏、工程窗口、编译输出窗口、批量文件查找窗口等。在调试状态时,除去以上各项,视觉菜单会多出指令输出窗口、反汇编窗口、变量观察窗口、寄存器仿真器、程序窗口等。

工程菜单主要用于对工作环境的设置及项目目标文件的编译及生成,包括新建、打开工程,工程部件、环境设置,选择设备,编译工程等。

闪存菜单主要用于管理存储器,可以实现程序下载、存储器擦除及配置。

调试菜单主要用于工程调试,包括启动/停止软件仿真调试、运行、停止、单步步入、单步步过、插入/删除断点等。

外围设备菜单主要用于管理外围部件,在调试程序时,可以观察和设置中断、I/O 口、串口和定时/计数器。

2．工具栏

工具栏是菜单条常用项目的快捷方式。用户也可以根据自己的习惯自行定制工具栏。

3．工程管理区

在程序编译阶段,工程管理区主要用于管理项目中的文件,可以添加、移除文件,编译单个文件或编译工程。

4．文件编辑窗口

文件编辑窗口主要用于编辑程序源文件。

5. 输出窗口

在程序编译阶段,该窗口显示编译输出,主要输出程序编译结果,包括编译,链接,程序区大小,输出文件的数量、名称、错误、警告数及详细错误警告信息。

2.2.2 程序调试界面

程序编辑完毕后,在下载之前,可以先启动调试过程进行软件仿真。启动调试后,界面环境更改为如图 2-11 所示的状态。为了方便观察,可以右击某些视窗,将其设置为关闭、隐藏或浮动显示方式。

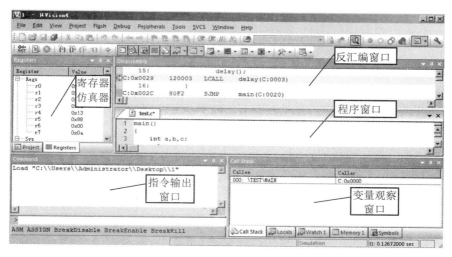

图 2-11 Keil μVision4 **调试界面**

1. 寄存器仿真器

寄存器仿真器主要用于观察工作寄存器组中第 0 组以及基本特殊功能寄存器的值,还可以观察程序运行所花费的时间,如图 2-12 所示。

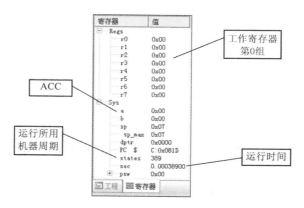

图 2-12 寄存器仿真器

程序仿真时,可以通过寄存器窗口看到各寄存器的当前值,也可以通过双击数值以对其进行修改。另外能够看到程序运行到当前状态所使用的时间,时间多少取决于调试前在"为目标

'目标 1'设置选项"对话框中的"项目"选项卡中所选择的时钟频率,如图 2-13 所示。

图 2-13　设置时钟频率

2．反汇编窗口

反汇编窗口是在编译过程中自动生成的与 C 语言程序相对应的汇编语言代码窗口。除此之外,还可以从该窗口中看到程序代码在 ROM 中的存储地址,如图 2-14 所示。在调试过程中,可自行选择是以反汇编窗口中的汇编语言代码还是以程序窗口中的 C 语言代码作为程序执行的代码。

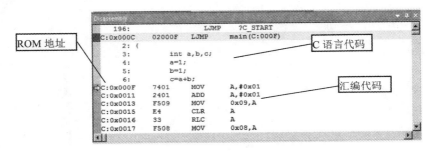

图 2-14　反汇编窗口

3．指令输出窗口

指令输出窗口为程序的命令行输出信息窗口,在开始调试一个程序时会输出类似"Load "C:\\test\\Test1""之类的信息,用于指明工程路径。若程序调试时出现错误,也会在该处提示错误信息。

4．变量观察窗口

通过变量观察窗口可以观察到程序中设置的各种变量的数值变化。

2.3　单片机程序开发流程

单片机软件程序的开发与在 Windows 中运行的项目工程开发有所不同,在 Windows 中,一般程序的编译结果是扩展名为".exe"的可执行文件,该类文件在 Windows 系统中能直接运行。而在单片机中运行的必须是硬件可识别的机器码,因此,必须编译生成满足 Intel 规范的 HEX 文件,经过编程器下载到单片机的程序区和数据区后才能执行。

2.3.1 建立工程

单片机软件程序是以项目工程的形式存在的,项目中的源文件、头文件及库文件都由工程文件管理。所以在进行程序设计之前,必须新建一个工程文件。

执行"工程"→"新建 μVision 工程"命令,弹出如图 2-15 所示的"Create New Project"对话框,提示输入工程名及选择保存文件夹。选择文件夹"test",并在"文件名"中输入"test1",保存类型默认为"Project Files",扩展名为". uvproj"。

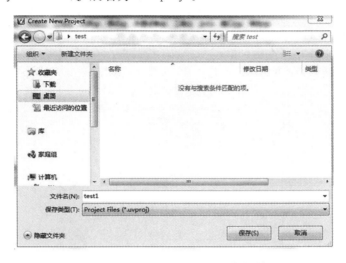

图 2-15 "Create New Project"对话框

保存工程后,弹出设备选择对话框,如图 2-16 所示。通过该对话框,可以选择不同公司出产的各类型单片机。例如,如果要选择 AT89C51 单片机,则可以单击"Atmel"下拉按钮,在下拉列表中选择"AT89C51"。选择完毕后,在该对话框右侧的"描述"选项组会出现对该设备的特征描述:该芯片基于 8051 内核,采用 CMOS 工艺及 24 MHz 晶振、32 位 I/O 口、2 个定时/

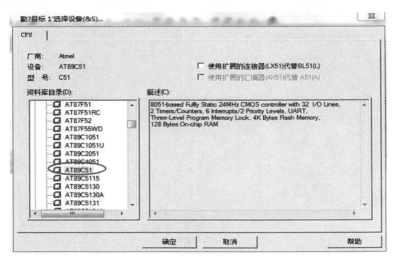

图 2-16 设备选择对话框

计数器、6 个中断、2 个优先级、1 个通用异步接收/发送端口、三级程序存储器锁存、4 KB Flash 存储器及 128 B 片上 RAM。

选择完毕，单击"确定"按钮后，弹出如图 2-17 所示的"μVision"对话框，提示是否将标准 8051 启动码复制到工程目录并添加到工程中。在这里单击"是"按钮，进入下一步。

图 2-17 是否复制启动码

执行"文件"→"新建"命令，新建源文件，输入源文件如图 2-18 所示。

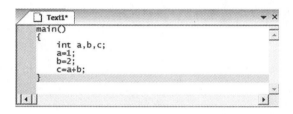

图 2-18 文本编辑框

文本编辑区默认字号为 10 号，如果想改变字号大小，可以执行"编辑"→"配置"命令，或者单击快捷工具栏中的 图标，弹出如图 2-19 所示的"选项"对话框。选择"颜色和字体"选项卡，在左边的"窗口"选项组中选择"Editor Text Files"选项后，就可以通过右边"字体"选项组进行字号更改。

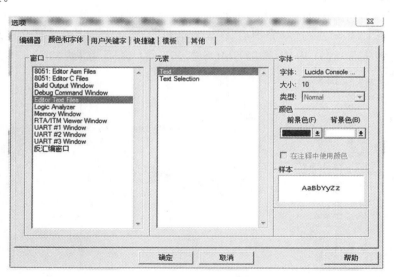

图 2-19 "选项"对话框

编辑完成后，单击工具栏中的"另存为"按钮，弹出"另存为"对话框，如图 2-20 所示。注意，保存时，在文件名后必须添加".c"扩展名，表示该文件为 C 语言设计文件。如果是汇编语言设计文件,则扩展名应为".s"或".asm"。

图 2-20　"另存为"对话框

保存源文件后,要把该文件添加到工程中。源文件的添加可以通过集成环境的工程管理区实现。右击"源组 1",执行"添加文件到组'源组 1'"命令,如图 2-21 所示,添加文件到工程中。

图 2-21　添加文件到工程

在"添加文件到组'源组 1'"对话框中选择"test1.c",如图 2-22 所示。单击"添加"按钮进行文件添加,最后单击"关闭"按钮关闭对话框。

单片机工程文件一般包括头文件和源文件。

1. 头文件

头文件主要包括一些定义和声明,储存在安装目录"C51"文件夹的"INC"文件夹中。在进行源文件编辑时,可以将鼠标指针移至头文件声明语句上,右击,执行"打开文档〈reg51.h〉"命令,如图 2-23 所示。

图 2-22　"添加文件到'源组 1'"对话框　　　　图 2-23　打开头文件文档

例如,Keil 中的 reg51.h 文件如下。

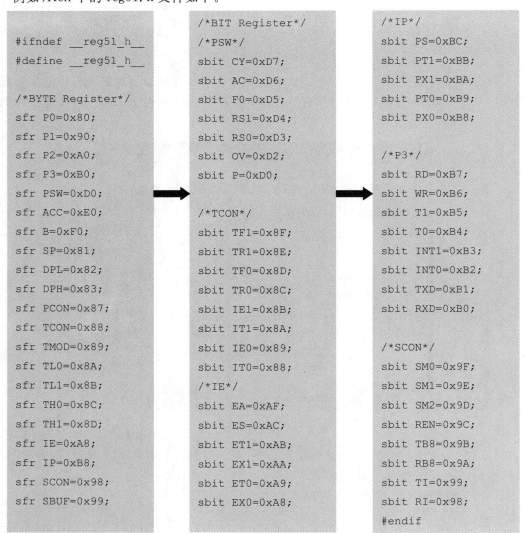

```
#ifndef __reg51_h__
#define __reg51_h__

/*BYTE Register*/
sfr P0=0x80;
sfr P1=0x90;
sfr P2=0xA0;
sfr P3=0xB0;
sfr PSW=0xD0;
sfr ACC=0xE0;
sfr B=0xF0;
sfr SP=0x81;
sfr DPL=0x82;
sfr DPH=0x83;
sfr PCON=0x87;
sfr TCON=0x88;
sfr TMOD=0x89;
sfr TL0=0x8A;
sfr TL1=0x8B;
sfr TH0=0x8C;
sfr TH1=0x8D;
sfr IE=0xA8;
sfr IP=0xB8;
sfr SCON=0x98;
sfr SBUF=0x99;
```

```
/*BIT Register*/
/*PSW*/
sbit CY=0xD7;
sbit AC=0xD6;
sbit F0=0xD5;
sbit RS1=0xD4;
sbit RS0=0xD3;
sbit OV=0xD2;
sbit P=0xD0;

/*TCON*/
sbit TF1=0x8F;
sbit TR1=0x8E;
sbit TF0=0x8D;
sbit TR0=0x8C;
sbit IE1=0x8B;
sbit IT1=0x8A;
sbit IE0=0x89;
sbit IT0=0x88;
/*IE*/
sbit EA=0xAF;
sbit ES=0xAC;
sbit ET1=0xAB;
sbit EX1=0xAA;
sbit ET0=0xA9;
sbit EX0=0xA8;
```

```
/*IP*/
sbit PS=0xBC;
sbit PT1=0xBB;
sbit PX1=0xBA;
sbit PT0=0xB9;
sbit PX0=0xB8;

/*P3*/
sbit RD=0xB7;
sbit WR=0xB6;
sbit T1=0xB5;
sbit T0=0xB4;
sbit INT1=0xB3;
sbit INT0=0xB2;
sbit TXD=0xB1;
sbit RXD=0xB0;

/*SCON*/
sbit SM0=0x9F;
sbit SM1=0x9E;
sbit SM2=0x9D;
sbit REN=0x9C;
sbit TB8=0x9B;
sbit RB8=0x9A;
sbit TI=0x99;
sbit RI=0x98;
#endif
```

可以看到,在该文件中,定义了 51 系列单片机中的所有特殊功能寄存器,其中,PSW、TCON、IE、IP、P3 及 SCON 都进行了位定义,因此可以直接进行位操作。

一般而言,每个源文件都会对应一个头文件,该头文件中包含了函数的声明及符号的定义。

2. 源文件

这里通过举例来说明编辑源文件时的注意事项。

【例 2-1】 单片机最小系统如图 2-8 所示,要求 P2 口的最低位所接发光二极管(Light Emitting Diode,LED)闪烁,其他 LED 熄灭。

进行源文件编辑之前,首先需考虑硬件连接。根据图 2-8 所示的连接方式,可以分析出,若要求 LED 点亮,则对应输出端口应输出低电平,反之输出高电平。除此之外,需要考虑观察方式。如果观察方式为人眼直接观测,那么要观察到闪烁现象,LED 的亮灭间隔应大于人眼视觉暂留时间,即 42 ms,故对 P0 口最低位依次赋值为"1"和"0"时必须加上延时函数。考虑到以上两个因素后,则该源文件可设计如下。

```
#include < reg51.h>
void delay()              /* 延时函数* /
{
    int x,y;
    for(x=0;x< 10;x++)
        for(y=0;y< 5000;y++);
}
main()
{
    while(1)
    {
        P2=0XFF;          /* P2 口输出高电平,所有 LED 熄灭* /
        delay();
        P2=0XFE;          /* P2 口最低位输出低电平,对应 LED 点亮* /
        delay();
    }
}
```

编辑完成后,将源文件保存为"test. c",并添加进工程中。

2.3.2 编译并生成可执行文件

在进行软件仿真之前,必须先编译生成软件仿真的可执行文件。

源程序设计完成后,即可进行编译。编译是指读取源程序,对之进行词法和语法的分析,将高级语言指令转换为功能等效的汇编代码,再由汇编程序转换为机器语言,并且按照操作系统对可执行文件格式的要求链接生成可执行程序。Keil C51 开发系统的编译通过"工程""编译"或"编译全部文件"命令实现。

编译时,如果程序有错,则编译不成功,并在编译输出窗口输出出错提示信息,如图 2-24 所示。修改后重新编译,直到编译成功,没有错误后,编译输出窗口给出如图 2-25 所示的提示信息。

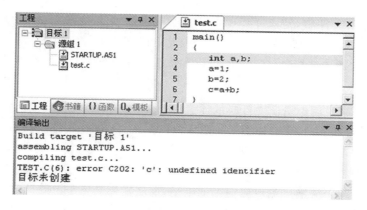

图 2-24　编译出错提示

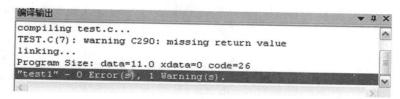

图 2-25　编译成功提示

2.3.3　软件仿真

Keil μVision4 集成了功能强大的软件仿真器。在程序下载到硬件设备前,可以通过软件仿真器对程序进行调试,以此测试该程序是否满足要求。

1. 软件仿真器

调试运行模式主要有以下 5 种。

(1)"调试"菜单下的"运行(run)"模式:连续运行。选择该模式后,执行"调试"→"停止"命令停止,或通过设置断点,使程序运行到断点位置后自动停止。

(2)"调试"菜单下的"单步(step)步入"模式:单步运行。该模式下每次执行一条命令。若当前运行指针所指为子程序,则进入子程序内部执行其中的一条命令,如图 2-26 所示。

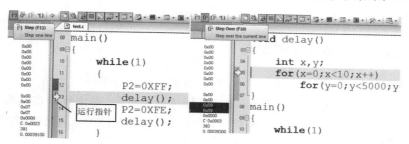

图 2-26　单步步入运行模式

(3)"调试"菜单下的"单步步过(step over)"模式:单步运行。该模式下每次执行一行程序。若当前运行指针所指为子程序或该行存在多条指令,则一步完成,如图 2-27 所示。

(4)"调试"菜单下的"步出(step out)"模式:从当前子函数体中跳出。该模式只有在单步

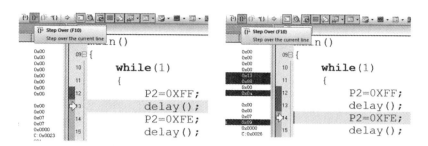

图 2-27　单步步过运行模式

步入执行到子函数体中的语句之后才可选择。

（5）"调试"菜单下的"运行到指针所在行（run to cursor line ）"模式：类似于设置断点，直接点击所需要运行到的命令行，点击该模式，则程序直接运行指针所在行到指定命令行。

在调试过程中，可以通过右下角的变量观察窗口观察变量值的变化情况。其中，"Locals"窗口能够自动呈现当前所执行程序中的变量，方便用户观察；在"Watch 1"窗口可以观察全局变量，但观察时，需用户自行添加所需要观察的变量名，如图 2-28 所示。

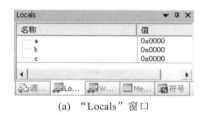

（a）　"Locals"窗口　　　　　　　　（b）　"Watch 1"窗口

图 2-28　变量观察窗口

调试完成后，执行"调试"→"启动/停止仿真调试"命令退出调试状态。

2. 外围部件

图 2-29 所示的为外围部件调试时的控制菜单。其中包括 I/O 口、定时/计数器、中断及串口控制窗口。

I/O 口控制窗口主要用于观察并行 I/O 口的寄存器值和引脚电平，也可对其进行更改。选中引脚或端口相应的选择框表示为高电平 1，未选中的表示为低电平 0。例 2-1 中，若需观察 P2 口中的输出，则可将 P2 控制窗口打开，模拟运行时可观察到如图 2-30 所示的变化过程。

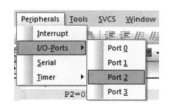

图 2-29　外围部件调试时的控制菜单

图 2-30　例 2-1 P2 口的窗口变化情况

定时/计数器控制窗口如图 2-31 所示。通过该窗口可以观察到定时器控制寄存器、定时器工作方式寄存器和计数值寄存器的内容，并可以对相应位进行修改。

中断控制窗口如图 2-32 所示。在该窗口中，显示了各个中断的中断向量、工作模式、中断

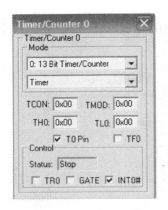 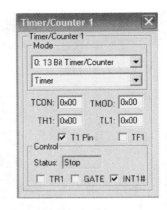

图 2-31　定时/计数器控制窗口

请求标志、中断允许位及中断优先级。

串口控制窗口如图 2-33 所示。通过该窗口可以看到串口的工作方式、控制寄存器、串口缓冲寄存器、波特率和中断相关位的状态。

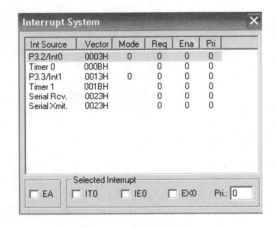

图 2-32　中断控制窗口

图 2-33　串口控制窗口

2.3.4　程序下载

软件仿真时运行正常，并与预期结果相符时，就可以将程序下载到硬件系统中了。工程中的".c"设计文件是无法下载到单片机硬件中去的，因此在完成单片机程序开发后，必须生成可执行文件，即 HEX(Intel HEX)文件。

HEX 是 Intel 公司提出的按地址排列的文件格式规范，HEX 文件是由一行行符合 HEX 文件格式的文本所构成的 ASCII 文本文件，通常用于传输存放于 ROM、EPROM 和 Flash 存储器中的程序和数据。在 HEX 文件中，每一行包含一条 HEX 记录。这些记录由对应机器语言码和/或常量数据的十六进制编码数字组成。

HEX 文件由任意数量的十六进制记录组成。每条记录包含 5 个域，格式如下。

```
:llaaaatt[dd...]cc
```

格式说明如下。

(1)":":每个 HEX 记录都由冒号开头。

(2)"LL":数据长度域,它代表记录当中的数据字节。

(3)"AAAA":地址域,它代表记录当中数据的起始地址。

(4)"TT":代表 HEX 记录类型的域,它可能是以下数据当中的一个。"00"表示数据记录。"01"表示文件结束记录,"02"表示扩展段地址记录,"04"表示扩展线性地址记录。

(5)"DD":数据域,它代表 1 个字节的数据。一条记录可以有许多个数据字节,记录当中数据字节的数量必须与数据长度域(LL)中指定的数字相符。

(6)"CC":校验和域,它表示这条记录的校验和。校验和的计算是通过将记录当中的所有十六进制编码数字对的值相加,以 256 为模进行以下补足。

编译之前,执行"工程"→"为目标'目标 1'设置选项"命令,在弹出的"为目标'目标 1'设置选项"对话框中选择"输出"选项卡,选中"产生 HEX 文件"复选框,如图 2-34 所示,再编译工程,即可在工程文件夹中生成"test.HEX"文件。

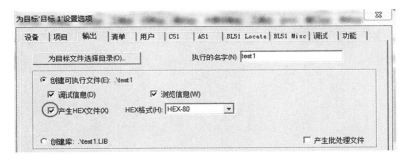

图 2-34 HEX 文件生成设置

以例 2-1 为例,假设使用 USB 下载线,并使用 PROG-ISP 下载软件,调入并下载 HEX 文件,如图 2-35 所示。

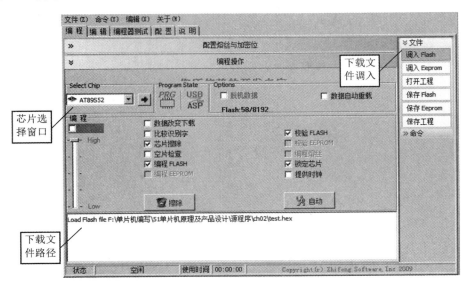

图 2-35 程序下载

下载成功后,在单片机最小系统可观察到 P2 口对应的发光二极管亮灭变化情况。

习　　题

1. Keil μVision4 集成开发环境包含哪些内容?

2. 如何建立工程文件?

3. 单片机工程项目的调试方式有哪些? 有什么区别?

4. 简述单片机开发流程。

5. 单片机设计文件中的头文件和源文件分别是什么? 其中包含了什么内容?

6. 单片机下载的可执行文件是什么? 如何生成?

7. Keil μVision4 软件仿真器由哪些部分组成? 分别有什么功能?

8. 51 系列单片机一般使用什么下载方式? 下载接口是什么? 有哪几种下载线?

9. 试使用 Keil μVision4 集成开发环境建立一个工程,并为该工程添加一个 C51 设计文件,使 AT89C51 单片机的 P0、P1、P2 及 P3 口输出电平依次由高电平变为低电平。要求以单步步入的调试方式通过软件仿真器观察 P0、P1、P2 及 P3 口的变化情况。

第3章 51系列单片机的外部中断系统

学习目标

- 掌握中断的概念；
- 掌握 51 系列单片机中断系统的中断源及相关控制寄存器；
- 掌握中断处理过程；
- 熟练掌握 51 单片机外部中断源的实际应用及软硬件设计方法。

教学要求

知 识 要 点	能 力 要 求	相 关 知 识
中断的基本概念及其主要功能	● 掌握中断系统的相关概念； ● 了解中断系统的主要功能	● 中断请求、中断允许、中断优先权控制、中断响应及中断返回
51 系列单片机中断系统的工作原理	● 掌握 51 系列单片机的中断源种类； ● 掌握中断源的相关控制寄存器； ● 掌握 51 系列单片机的中断处理过程	● 中断允许控制寄存器 IE、中断优先级控制寄存器 IP； ● 中断允许条件、中断响应时间、中断返回操作
外部中断源的实际应用	● 掌握 51 单片机外部中断源的实际应用及软硬件设计方法	● 特殊功能寄存器 TCON

中断的发生

生活中经常会遇到一些意外情况或紧急状况而打断当前正在做的事情。例如，我们正在家里看一部非常精彩的电影，突然厨房中烧的水开了，尽管剧情已经到了高潮阶段，也不得不按下暂停键去厨房将火熄灭，把开水倒进保温壶，才能重新回到屏幕前继续看电影。这就是一次中断事件。一般而言，中断包括中断发生、中断响应、中断返回 3 个阶段。例如，上述事件的水烧开→停止看电影去处理开水→继续看电影。对于单片机而言，中断是一个极其重要的功能。当使用单片机实现某种控制功能时，往往需要执行多种不同的程序，而这些程序的执行条件很可能存在冲突，不能在同一时间执行，这种情况下，势必会停下某段程序的执行而转向另外一段程序的执行。例如，使用单片机设计一个烟雾报警器，正常情况下"正常"指示灯亮；一旦发生火险或烟雾浓度超标，"异常"指示灯亮并发出警示音；恢复正常后警示音停止。"异常"指示灯熄灭，而"正常"指示灯亮。中断能够使单片机实现规模和复杂程度更好的功能，且能够避免其执行时将会发生的程序冲突，这是单片机技术中必不可少的一部分。

中断是单片机的 CPU 与外围设备进行通信时所使用的主要手段，也是实现实时控制、故障处理的主要方式。中断系统是计算机的重要组成部分，各种型号的单片机都或多或少地提供了一些中断功能。

3.1 中断的基本概念及其主要功能

3.1.1 中断的概念

在计算机中,由于计算机内外部的原因或软硬件的原因,使 CPU 从当前正在执行的程序中暂停下来,转而执行为处理该原因而预先设定好的服务程序。服务程序执行完毕后,再返回原来被暂停的位置继续执行源程序,这个过程就称为中断,而实现中断的硬件系统和软件系统称为中断系统。

从中断的定义可以看出,中断处理应具备以下要素。

1. 中断源及中断请求

能够引起中断的事件、原因,或者能够发出中断请求信号的来源统称为中断源。根据中断源产生的原因,中断可以分为以下几种。

(1) 外部设备请求中断。一般的外部设备(如键盘、打印机和 A/D 转换器等)在完成自身的操作后,向 CPU 发出中断请求,要求 CPU 为其服务。

(2) 实时时钟请求中断。在控制中遇到定时检测和控制时,常采用一个外部时钟电路(可编程)控制其时间间隔。需要定时时,CPU 发出命令使时钟电路开始工作,一旦到达规定时间,时钟电路发出中断请求,由 CPU 转去完成检测和控制工作。

(3) 数据通道中断。数据通道中断又称直接存储器存取(Direct Memory Access,DMA)操作中断,如磁盘、磁带机或 UART 等直接与存储器交换数据所要求的中断。

以上 3 种中断中,外部设备请求中断来源于外部硬件电路,是硬件可控的,因此可称为外部中断或硬件中断;实时时钟请求中断及数据通道中断来源于系统内部工作指令,是由 CPU 自身启动的中断,因此可称为内部中断或软件中断。

对于一个中断源,中断请求信号产生一次,CPU 中断一次。不能出现中断请求信号产生一次,CPU 中断响应多次的情况,因此要求中断请求信号及时撤除。

2. 中断优先级控制

当系统有多个中断源时,不可避免地会出现一次产生多个中断请求的情况,但 CPU 一次只能够响应一个中断请求。这就要求将所有中断源进行优先级排序,使 CPU 能够以优先级别的高低,依次响应同时发生的各个中断请求。51 系列单片机的中断源具备两个优先级,并且可以实现两级中断嵌套。

3. 中断允许

当中断源提出中断请求时,CPU 并不一定响应,此时除了要考虑中断优先权外,还要考虑中断是否允许。若某中断源被设置为中断屏蔽状态,即使发生了中断请求,CPU 也不会响应中断。只有在中断允许且没有发生更高优先级中断的前提下,CPU 才会响应中断。

4. 中断响应及中断返回

CPU 进入中断响应过程后,首先对当前的断点地址进行入栈保护;然后把中断服务程序的入口地址送给程序指针 PC,再转移到中断服务程序,在中断服务程序中进行相应的中断处理;最后用中断返回指令 RETI 返回断点位置,结束中断。在中断服务程序中往往还涉及现场保护、恢复现场及其他处理。

　　根据以上要素的分析,中断程序的执行过程如图 3-1 所示。其中图 3-1(a)为单个中断请求发生的执行过程,图 3-1(b)为多个中断请求发生的执行过程。高优先级中断服务程序可以打断低优先级中断服务程序的执行;处于同一优先级的中断无法实现嵌套,若同时发出中断请求,则执行时先响应自然优先级高的中断,执行完毕,中断返回后,再响应自然优先级低的中断。自然优先级排序将在第 3.2.3 节中加以说明。

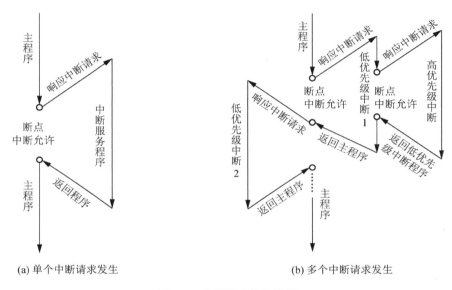

(a) 单个中断请求发生　　　　　　　　(b) 多个中断请求发生

图 3-1　中断程序执行过程

3.1.2　中断的主要功能

1. 实现 CPU 与外部设备的速度匹配

　　一般而言,CPU 的速度远远快于外部设备的速度。例如,单片机外接打印机时,CPU 只需要一条输出语句和几个机器周期就能够将一个字符输出给打印机,而打印机打印一个字符所需时间远长于 CPU 的输出时间。若字符输出连续进行,则一定会造成打印时的字符丢失。在这种情况下,可以利用中断方式解决速度不匹配问题。CPU 先将一个字符传输给外部设备打印机,传输完毕后产生中断请求,暂停字符输出,转而执行打印程序;等该字符打印完毕时,发送中断返回指令,返回主程序,继续下一个字符的传输。

2. 实现人机交互实时控制

　　人机交互一般采用键盘和按键的方式,而按键和键盘基本都可以采用中断方式实现。这样就可以利用按键时产生的中断信号使单片机停止执行当前程序而转向执行人所要求的中断程序。

　　中断方式 CPU 的执行效率高,可以保证人机交互的实时性。51 系列单片机最短只要 3 个机器周期即可响应中断。CPU 会在每一个机器周期的 S5P2 期间查询每个中断源并设置相应的标志位。当有中断发生时,CPU 会在下一个机器周期的 S6 期间按优先级顺序查询每个中断标志状态;若查到某个中断标志位置 1,则在随后的第二个和第三个机器周期用于保护断点,关闭 CPU 中断和自动转入执行一条长转移指令。因此 51 系列单片机从响应中断到执行中断入口地址处的指令为止,最短需要 3 个机器周期。

3. 实现故障的及时发现和处理

发生系统失常和故障时,可以通过中断立刻通知 CPU,实现故障的及时发现和处理。

3.2　51 系列单片机中断系统

51 单片机提供了 5 个(52 子系列提供 6 个)硬件中断源:2 个外部中断源,2 个定时/计数器中断源(52 子系列有 3 个定时/计数器中断源)以及 1 个串口中断源。每个中断有 2 个优先级,可以实现中断嵌套。

3.2.1　中断源

1. 外部中断源

51 单片机有 2 个外部中断源,由单片机外部输入信号进行中断触发,主要实现人机交互控制。

2. 定时/计数器溢出中断源

51 单片机有 2 个 16 位定时/计数器中断源(52 子系列有 3 个),其触发信号为定时/计数器的计数值在脉冲的作用下从全"1"变为全"0"时的溢出信号,属于内部中断。

3. 串口中断源

51 单片机有一个串口中断源,其中断触发方式有两种:串口发送/接收数据时,一组数据发送完毕信号或接收完毕信号,属于内部中断。

3.2.2　中断允许控制

51 系列单片机对各个中断源的允许和禁止由内部的中断允许控制寄存器 IE 的各位来控制,其各位的位符号及位地址如表 3-1 所示,可以进行位寻址。

表 3-1　中断允许控制寄存器 IE

IE	EA	—	ET2	ES	ET1	EX1	ET0	EX0
位地址	AFH	AEH	ADH	ACH	ABH	AAH	A9H	A8H

1) EX0(EX1)

EX0(EX1)为外部中断 0(外部中断 1)的中断允许位。EX0(EX1)置 0,则禁止外部中断 0(外部中断 1)的中断响应;EX0(EX1)置 1,则允许外部中断 0(外部中断 1)的中断响应。

2) ET0(ET1)

ET0(ET1)为定时/计数器 0(定时/计数器 1)的中断允许位。ET0(ET1)置 0,则禁止定时/计数器 0(定时/计数器 1)中断的中断响应;ET0(ET1)置 1,则允许定时/计数器 0(定时/计数器 1)中断的中断响应。

3) ES

ES 为串口中断的中断允许位。ES 置 0,则禁止串口中断的中断响应;ES 置 1,则允许串口中断的中断响应。

4) ET2

ET2 为定时/计数器 2 的中断允许位,只用于 52 子系列,在 51 子系列中无此位。ET2 置 0,则禁止定时/计数器 2 中断的中断响应;ET2 置 1,则允许定时/计数器 2 中断的中断响应。

5) EA

EA 为中断允许总控制位。EA 置 0,则禁止所有中断源的中断响应;EA 置 1,则允许所有中断源的中断响应。EA 和各中断源允许位使中断允许形成两级控制,即各中断源首先受 EA 位的总控制,其次受各中断源自己的中断允许位控制。

3.2.3 中断优先级

51 系列单片机的所有中断源都有两个优先级:高优先级和低优先级。优先级高低通过中断优先级寄存器 IP 设置,其各位的位符号及位地址如表 3-2 所示,可以进行位寻址。

表 3-2 中断优先级寄存器 IP

IP	—	—	PT2	PS	PT1	PX1	PT0	PX0
位地址	BFH	BEH	BDH	BCH	BBH	BAH	B9H	B8H

1) PX0(PX1)

PX0(PX1)为外部中断 0(外部中断 1)的中断优先级控制位。PX0(PX1)置 0,则设置外部中断 0(外部中断 1)为低优先级;PX0(PX1)置 1,则设置外部中断 0(外部中断 1)为高优先级。

2) PT0(PT1)

PT0(PT1)为定时/计数器 0(定时/计数器 1)的中断优先级控制位。PT0(PT1)置 0,则设置定时/计数器 0(定时/计数器 1)中断为低优先级;PT0(PT1)置 1,则设置定时/计数器 0(定时/计数器 1)中断为高优先级。

3) PS

PS 为串口中断的中断优先级控制位。PS 置 0,则设置串口中断为低优先级;PS 置 1,则设置串口中断为高优先级。

4) PT2

PT2 为定时/计数器 2 的中断优先级控制位,只用于 52 子系列,在 51 子系列中无此位。PT2 置 0,则设置定时/计数器 2 中断为低优先级;PT2 置 1,则设置定时/计数器 2 中断为高优先级。

在同一优先级下,各中断源以自然优先级排序,如表 3-3 所示。例如,若同时发生外部 0 中断和串口中断,且两个中断源同为低优先级,则在中断允许的条件下,CPU 应先响应外部 0 中断,当执行完外部 0 中断服务程序后,再响应串口中断并执行串口中断服务程序。只有在设定中断优先级寄存器 IP 后,才能改变系统默认的优先级顺序。

表 3-3　同级中断源自然优先级排序

中　断　源	自然优先级顺序
外部中断 0	①
定时/计数器 0 中断	②
外部中断 1	③
定时/计数器 1 中断	④
串口中断	⑤
定时/计数器 2 中断	⑥

注:① 表示最高,⑥ 表示最低。

　　高优先级中断请求可以中断正在执行的低优先级服务程序,因此对于 51 系列单片机的两级优先级而言,可以实现两级中断嵌套。

　　对于中断优先级和中断嵌套,有以下 3 条规定。

　　(1) 正在进行的中断过程不能被同级或低优先级的中断程序中断,要直到该中断服务程序结束,返回主程序并执行一条主程序指令后,CPU 才响应新的中断请求。

　　(2) 正在进行的低优先级中断服务程序能被高优先级中断请求中断。

　　(3) CPU 同时接收到几个中断请求时,首先响应优先级最高的中断请求。

　　51 系列单片机的中断控制寄存器、相关特殊功能寄存器及内部硬件线路构成的中断系统逻辑结构如图 3-2 所示。

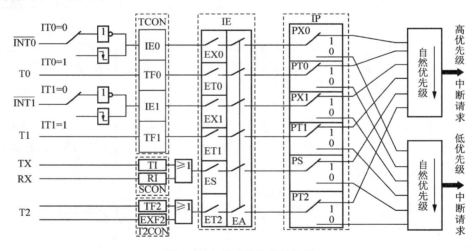

图 3-2　中断系统逻辑结构图

3.2.4　中断处理过程

中断处理过程包括中断响应、中断处理及中断返回 3 个阶段。

1. 中断响应

1)中断响应条件

51 系列单片机响应中断的条件是有中断请求并且中断允许,但不包括下列几种情况。

（1）有同级或高优先级中断正在处理。

（2）当前指令未执行完。

（3）正在执行"RETI"中断返回指令或访问 IE、IP 的指令。在这种情况下，CPU 需要将当前指令和该指令的后一条指令全部执行完毕后才能够响应中断请求。

2）中断响应时间

中断响应时间是指从 CPU 检测到中断请求信号到转入中断服务程序入口所需要的机器周期。

CPU 工作过程中，会在每个机器周期的 S5P2 期间对所有中断源进行查询，并对各标志位进行设置。如果发生中断请求，则在当前指令执行完毕后的下一个机器周期 S6 期间按用户设置的优先级和内部规定优先级顺序查询所有中断标志，若查询到某标志位为 1，则会用两个机器周期执行一条硬件长调用指令"LCALL"，并转移到中断服务程序。因此，若某中断源发生中断，而当前指令为"RETI"中断返回指令时，由于"RETI"为双周期指令，所以在第一个机器周期的 S5P2 期间，该中断源标志位置 1，产生中断请求；第二个机器周期继续执行 RETI 指令；第三个机器周期开始执行 RETI 指令之后的一条指令，若该指令为四周期长指令，则需要在其后的第四、五、六个机器周期完成该长指令；第七个机器周期进行中断标志查询；第八、九两个机器周期完成长调用指令"LCALL"，进入中断服务程序，完成中断响应。由此可以看出，从中断请求产生到中断响应，最短需要 3 个机器周期，而最长不会超过 8 个机器周期。

3）中断响应过程

51 单片机响应中断后，由硬件自动执行以下操作。

（1）根据中断请求源的优先级高低，对相应的优先级状态触发器置 1。

（2）自动生成长调用指令"LCALL"，该指令将自动把断点地址压入堆栈进行保护。

（3）清除内部硬件可清除的中断请求标志位（IE0、IE1、TF0、TF1）。

（4）将对应的中断入口地址装入程序计数器 PC，使程序转向该中断入口地址，开始执行中断服务程序。各中断服务程序的入口地址如表 3-4 所示。

表 3-4 中断服务程序的入口地址表

中 断 源	入 口 地 址
外部中断 0	0003H
定时/计数器中断 0	000BH
外部中断 1	0013H
定时/计数器中断 1	001BH
串口中断	0023H
定时/计数器中断 2	002BH

2. 中断处理

中断处理就是执行中断服务程序，即从中断入口地址开始执行，到返回指令"RETI"结束。一般而言，中断处理包括两个部分：保护现场和完成中断源请求的服务。

通常在执行中断服务程序前需要保护现场，在中断返回前再恢复现场。编写中断服务程序时，需要注意以下几点。

（1）从表 3-4 可以看出，各个中断源的入口地址之间只相隔 8 字节，是不可能放下中断服务程序的。因此，在中断入口地址单元通常存放一条无条件转移指令，使 CPU 转向中断服务程序所在地址。而中断服务程序可以放置在存储器除去中断向量表和主程序所在位置的任意位置。

（2）若要在执行当前中断程序时禁止其他更高优先级中断，可以在中断服务程序中关闭 CPU 中断或直接禁止更高优先级中断，在中断返回前再开放中断。

（3）要对中断服务程序中所用到的通用寄存器进行保护。保护通用寄存器的目的在于防止用户中断服务子程序使用其中的寄存器，造成对原有内容的覆盖而在中断返回后任务执行出错。因此，在中断里对通用寄存器的保护完全取决于中断服务子程序对通用寄存器的使用情况，仅仅保存中断服务子程序中所用到的有限的几个通用寄存器，而不必保存所有通用寄存器。

在实际情况中，每个中断服务子程序中所需要的通用寄存器是可知的。使用汇编语言编写用户中断服务子程序时，所需要的通用寄存器由程序员控制，使用 C 语言编写时则由编译器决定使用哪几个通用寄存器。

3. 中断返回

中断返回是指中断服务完成后，计算机返回原来断开的位置，继续执行原来的程序。中断返回由中断返回指令"RETI"实现，在返回过程中，需要完成把断点地址从堆栈中弹出，送回到程序计数器 PC 及清除优先级状态触发器的操作。

3.3　外部中断源

51 单片机的两个外部中断源分别为外部中断 0（$\overline{\text{INT0}}$）和外部中断 1（$\overline{\text{INT1}}$），分别对应两个中断信号输入引脚 P3.2 和 P3.3。中断请求触发方式为低电平触发或下降沿触发两种方式，用户可通过定时器控制寄存器 TCON 中的 IT0 和 IT1 位状态设定，TCON 的位符号及地址如表 3-5 所示。其中，高 4 位用于定时/计数器控制，低 4 位用于外部中断控制，可以进行位寻址。

表 3-5　定时器控制寄存器 TCON 的位符号及地址

TCON	TF1	TR1	TF0	TR0	IE1	IT1	IE0	IT0
位地址	8FH	8EH	8DH	8CH	8BH	8AH	89H	88H

1）IT0（IT1）

IT0（IT1）为外部中断 0（外部中断 1）的中断请求触发方式控制位。IT0（IT1）设置为 0，则外部中断为电平触发方式，低电平有效；IT0（IT1）设置为 1，则外部中断为脉冲触发方式，下降沿有效。

在脉冲触发方式时，CPU 在每个机器周期都对 P3.2（P3.3）引脚输入信号进行采样。为了保证检测到负跳变，输入到 P3.2（P3.3）引脚的高电平和低电平至少要保持一个机器周期。

在电平触发方式时，只要 CPU 检测到 P3.2（P3.3）引脚输入低电平，就会发生中断请求。

2) IE0(IE1)

IE0(IE1)为外部中断 0(外部中断 1)的中断请求标志位。设定外部中断请求触发方式后，只要检测到 P3.2(P3.3)引脚输入有效中断触发信号，IE0(IE1)就自动置 1，向 CPU 请求中断。如果中断允许，则响应中断，进入中断处理后，IE0(IE1)由内部硬件电路自动清零，这种清零方式称为硬件清零。

需要注意的是，在电平触发方式下，中断请求将在 P3.2(P3.3)引脚输入低电平的时间内一直有效，因此，如果在中断服务程序执行完毕退出后电平未恢复，则系统将再次响应中断，导致中断程序反复响应。但是，这种触发方式不会在中断响应过程中重复触发，因此，若在中断服务程序未执行完时恢复高电平输入，中断标志位将自动清零，撤除中断请求。

3) TR0(TR1)

TR0(TR1)为定时/计数器 0(定时/计数器 1)的定时/计数启动位。TR0(TR1)设置为 0，定时/计数器 0(定时/计数器 1)停止定时/计数；TR0(TR1)设置为 1，定时/计数器 0(定时/计数器 1)开始定时/计数。

4) TF0(TF1)

TF0(TF1)为定时/计数器 0(定时/计数器 1)的中断请求标志位。当计数器产生计数溢出时，TF0(TF1)自动置 1，向 CPU 请求中断。如果中断允许，则响应中断，进入中断处理后，TF0(TF1)由硬件自动清零。

3.3.1 外部中断系统硬件设计

外部中断的触发主要由 P3.2 口或 P3.3 口输入信号的状态变化进行。根据触发方式的不同，可以选择以开关或按键控制 P3.2 口或 P3.3 口的信号变化。结合第 2 章的单片机最小系统，可设计电路如图 3-3 所示。

3.3.2 外部中断系统软件设计

下面结合上述硬件电路，以几个设计实例说明有关外部中断源不同应用的程序开发，以及中断系统对中断的处理过程。

【例 3-1】 设计一段驱动程序，令 P2 口所连接的发光二极管在按下 S3 按键时从最低位到最高位依次点亮，在未按下时，全亮全灭交替闪烁。

该例中，根据硬件电路，仅需要外部中断 0 发生作用，且 P2 口所连接的发光二极管的亮灭状态由按下按键和不按下按键的两种变化来判断出外部中断触发方式为电平触发方式。因此，程序可设计如下。

```
#include < reg51.h>
void delay()                       /* 延时函数* /
{
    int x,y;
    for(x=0;x< 10;x++)
        for(y=0;y< 5000;y++);
}
main()
```

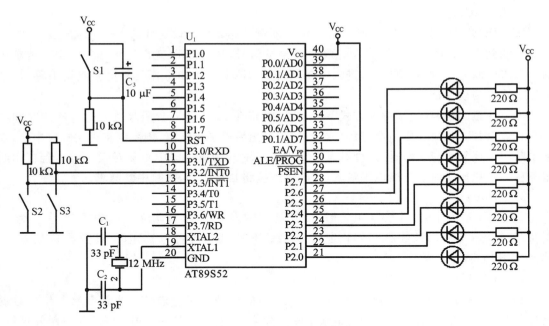

图 3-3 外部中断控制系统电路图

```
    {
        EX0=1;                                  //开启外部中断 0 的中断允许
        EA=1;                                   //开启全局中断允许
        IT0=0;                                  //设定外部中断 0 的中断触发方式为电平触发
        while(1)
        {
            P2=0x00;                            //P2 口输出交替变化
            delay();                            //延时,避免视觉暂留
            P2=0xff;
            delay();
        }
    }
    void int0() interrupt 0 using 1            //指定中断号及工作寄存器组
    {
        char i;
        for(i=1;i< 9;i++)
        {
            P2=(0XFF< < i);                     //P2 口输出从低位到高位依次变为 0
            delay();
        }
    }
```

程序中出现的"interrupt"和"using"都是 C51 的关键字。C51 中断过程通过使用"inter-rupt"关键字和中断号(0～5)来实现。中断号用来指明编译器中断程序的入口地址,中断号对应着 8051 中断使能寄存器 IE 中的使能位,对应关系如表 3-6 所示。

表 3-6　C51 中断源的中断号

中断源	IE 使能位	中断号
外部中断 0	0	0
定时/计数器中断 0	1	1
外部中断 1	2	2
定时/计数器中断 1	3	3
串口中断	4	4
定时/计数器中断 2	5	5

在调试时,使用反汇编编程窗口作为软件调试窗口,令 P3.2 口输入变为低电平,触发外部中断 0,此时会看到程序指针自动跳转到外部中断 0 对应的 0 号中断入口地址 0003H,并执行此处的中断程序地址转移指令,如图 3-4 所示。

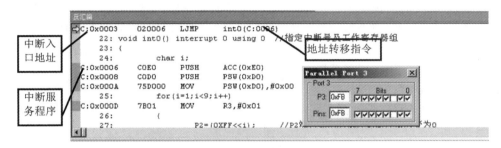

图 3-4　触发中断时程序指针的跳转

如果指定的中断号与中断源不对应,例如将中断号改为 1,再次触发外部中断 0 时,则会看到中断服务程序地址转移指令出现在了定时/计数器 0 中断的中断入口地址 000BH 处,而程序指针跳转到 0003H 后无程序可执行,此时在调试指令输出窗口会出现如图 3-5 所示的错误。

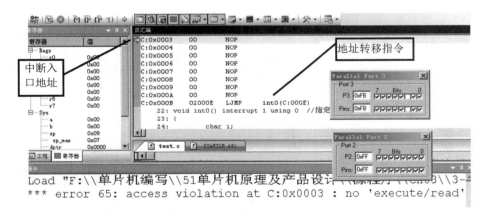

图 3-5　中断号错误

"using"关键字用来指定中断服务程序使用的寄存器组。使用时在"using"后跟一个 0~3 的数,对应着 4 组工作寄存器。如果不指定寄存器组,则编译时默认会使用寄存器 0 组,且会对该组数据进行压栈保护,而一旦指定工作寄存器组,就没有出入栈的数据保护操作,如图3-6所示。这将节省入栈和出栈所需要的处理周期。

图 3-6 是否指定工作寄存器组的区别

通常情况下,如果需要在中断服务程序中调用函数,则中断服务程序应指定与该函数一致的寄存器组,否则可能出现参数传递错误,返回值可能会在错误的寄存器组中。同级别的中断可以使用同一组寄存器,因为不会发生中断嵌套;而高优先级中断则要使用与低优先级中断不同的一组寄存器,因为有可能出现在低优先级中断中发生高优先级中断的情况。在以上程序中,由于主程序默认使用工作寄存器 0 组,因此中断服务程序使用了工作寄存器 1 组,以避免中断返回时造成临时数据冲突。(若使用工作寄存器 0 组,则当程序下载到硬件后,可能导致不能正常从中断服务程序返回到主程序。)

使用"using"关键字给中断指定寄存器组,可以直接切换到寄存器组而不必进行大量的"PUSH"和"POP"操作,可以节约 RAM 空间,减少 MCU 执行时间。但是寄存器组的切换,总的来说比较容易出错,要求对内存的使用情况有比较清晰的认识。因此,对"using"关键字的使用,如果没有把握,可以不用,直接交给编译系统自动处理。

对程序进行调试,为了便于观察运行过程,需要打开 P2 及 P3 控制窗口、中断系统窗口,如图 3-7 所示。从图中可以看到,在中断系统窗口中,各相关控制位均根据程序设定发生了变化,同时 P2 口的输出也发生了相应变化。

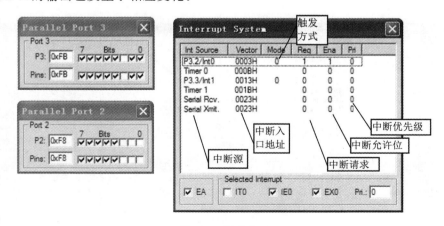

图 3-7 调试窗口

通过 P3 窗口将 P3.2 口输入电平置 0,则中断窗口中 Int0 的请求标志自动置 1,进入中断服务程序。此时 P2 口输出从低位到高位依次变为低电平。由于外部中断 0 选择了电平触发方式,因此当 P3.2 口始终保持在低电平的情况下,会不断触发外部 0 中断,对应的中断标志位 IE0 始终保持为置 1 状态,系统将不断响应中断,重复执行中断服务程序,若要退出中断,则需要 P3.2 口恢复为高电平输入(见图 3-8)。如果只希望执行一次中断服务程序,可将"IT0"设置为 1,将触发方式改为脉冲方式。这样,CPU 在响应中断后自动将标志位清零,从而只执行一次中断服务程序,如图 3-9 所示。

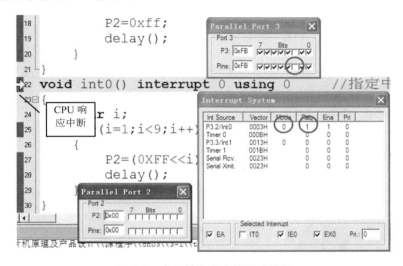

图 3-8　电平触发方式的调试结果

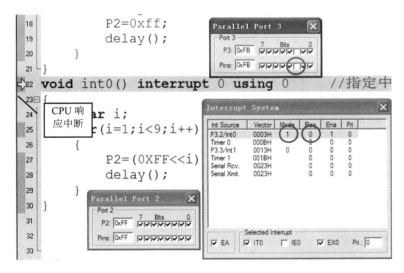

图 3-9　边沿触发方式的调试结果

【例 3-2】　设计一段驱动程序,令 P2 口所连接的发光二极管在按下 S3 按键时,从中间到两端依次点亮;在按下 S2 按键时,从两端到中间依次点亮;若同时按下 S2 及 S3,以 S2 为准;无按键按下时,全亮全灭交替闪烁。

对 P2 的闪烁规律进行分析,可知该功能需要用到两个外部中断,触发方式为电平触发,且外部中断 1 的优先级高于外部中断 0 的。由于按自然优先级排序时外部中断 0 的优先级高于外部中断 1 的,因此需要将外部中断 1 设置为高优先级,而外部中断 0 设置为低优先级。源程序如下。

```
#include < reg51.h>
void delay()                          /* 延时函数* /
{
    int x,y;
    for(x=0;x< 10;x++)
        for(y=0;y< 5000;y++);
}


main()
{
    EX0=1;                            //开启外部中断 0 的中断允许
    EX1=1;                            //开启外部中断 1 的中断允许
    EA=1;                             //开启全局中断允许
    PX1=1;                            //设定外部中断 1 的优先级为高优先级
    while(1)
    {
        P2=0x00;                      //P2 口输出交替变化
        delay();                      //延时避免视觉暂留
        P2=0xff;
        delay();
    }
}
void int0() interrupt 0 using 1
{
    char i;
    for(i=0;i< 5;i++)
    {
        P2=(0XF0< < i)|(0X0F> > i);   //P2 口输出从中间到两端依次变为 0
        delay();
    }
}
void int1() interrupt 2 using 2
{
    char i;
    for(i=0;i< 5;i++)
    {
        if(i< 3) P2=(0XF0> > i)|(0X0F< < i);
        else     P2=(0XF0> > i)&(0X0F< < i);      //P2 口输出从两端到中间依次变为 0
        delay();
    }
}
```

对该程序进行调试时,可以看到,当外部中断 0 和外部中断 1 同时发生中断请求时,由于外部中断 1 的优先级高于外部中断 0 的,因此 CPU 将根据优先级排序首先响应外部中断 1。若 S2 按键和 S3 按键始终保持为同时按下状态,即 P3.3 口及 P3.2 口始终保持低电平输入,则 CPU 将始终响应外部中断 1 而不会响应外部中断 0。

需要注意的是,遵循中断优先级嵌套原则,高优先级中断服务程序可打断低优先级中断服务程序的执行,为了避免两段中断服务程序中的本地变量“i”的数值出现混淆,必须选择不同的工作寄存器组,或者不选择工作寄存器组,令 CPU 响应中断时对工作寄存器组中的临时变量进行自动保存。

若不希望外部中断 1 打断外部中断 0 的程序运行,则可在外部中断 0 服务程序的开头和结尾分别加上关闭中断允许和重新开启中断允许命令,代码如下所示。

```
void int0() interrupt 0 using 0
{
    EA=0;                    //关闭中断允许总控位(或写"EX1=0;//关闭外部中断 1 的中断允许位")
    char i;
    for(i=1;i< 5;i++)
    {
        P2=(0XF0< < i)|(0X0F> > i);  //P2 口输出从中间到两端依次变为 0
        delay();
    }
    EA=1;                    //重新开启中断允许(或写"EX1=0;")
}
```

【例 3-3】 根据图 3-3 设计一个计数器,要求 S2 按键作为计数值按键,按一次计数值加一次 1,并通过 P2 口将按键值以二进制形式显示出来;S3 按键作为计数值清零键,按下后计数值清零;若两个按键同时按下,以清零功能作为优先选择。

根据要求,每按一次 S2 按键执行一次计数操作,因此外部中断 1 需要设置为边沿触发方式。两个按键同时按下时,要求始终执行清零功能,因此外部中断 0 需要设置为电平触发方式。按自然优先级排序外部中断 0 本身的优先级高于外部中断 1 的,因此不需要另外设置中断优先级。源程序如下。

```
#include < reg51.h>
unsigned char i;
main()
{
    EX0=1;                   //开启外部中断 0 的中断允许
    EX1=1;                   //开启外部中断 1 的中断允许
    EA=1;                    //开启全局中断允许
    IT1=1;                   //设定外部中断 1 的触发方式为边沿触发
    while(1);
}
void int0() interrupt 0
{
    i=0;                     //计数值清零
    P2=0XFF;                 //P2 口输出恢复为初始状态
```

```
    }
    void int1() interrupt 2
    {
        i++;                          //按键计数
        P2=~ i;                       //计数值通过 P2 口输出
    }
```

3.3.3　查询方式实现中断

查询方式是 CPU 按照某种规则查询外部设备的状态,看其状态是否满足某种条件,以便采取相应动作的方式。

通过查询方式查询各中断源标志位,同样可以捕获中断请求,从而实现相应中断服务。与中断方式相比,查询方式需要占用 CPU 更多的时间,但应用简单,硬件上比较容易实现,可靠性也较高,因此这种方式在实际应用中也很常见。

【例 3-4】　将例 3-2 改为由查询方式实现。

由于优先级高低不同,因此在编写嵌套程序的时候必须注意嵌套的位置。由于外部中断 1 的优先级高于外部中断 0 的,因此在执行过程中,可能发生以下情况。

(1) 单独中断源标志位置 1 时,执行相对应的中断服务程序。

(2) 两个中断源标志位同时置 1 时,先执行外部中断 1 的服务程序,在外部中断 1 的请求撤除后,再执行外部中断 0 的服务程序。

(3) 外部中断 0 的标志位先置 1,并开始执行服务程序,此时外部中断 1 的标志位置 1,则应停止执行外部中断 0 的服务程序,转而执行外部中断 1 的服务程序,同时需保护外部中断 0 的当前数据,待外部中断 1 撤除中断请求后,再继续外部中断 1 程序的运行。

由第一种情况和第二种情况可以分析出,主程序中必须同时包括两个查询程序,且只有当 IE1 不为"1"的情况下才会对 IE0 进行查询。

由第三种情况可知,在外部中断 0 的查询程序中必须嵌套外部中断 1 的查询程序,以保证外部中断 1 的 P2 变化规律能随时中断外部中断 0 的 P2 变化规律。为了保护数据,此时外部中断 0 服务程序和外部中断 1 服务程序中的 for 语句变量必须使用不同的变量。

改写程序如下。

```
    #include < reg51.h>
    void delay()                         /* 延时函数* /
    {
        int x,y;
        for(x=0;x< 20;x++)
            for(y=0;y< 5000;y++);
    }
    char i,j;
    main()
    {
        while(1)
        {
```

```
if(IE1==1)
{
    for(i=0;i< 5;i++)
    {
        if(i< 3) P2=(0XF0> > i)|(0X0F< < i);
        else     P2=(0XF0> > i)&(0X0F< < i);
        delay();
    }
}
else if(IE0==1)
{
    for(j=0;j< 5;j++)
    {
        if(IE1==1)
        {
            for(i=0;i< 5;i++)
            {
                if(i< 3) P2=(0XF0> > i)|(0X0F< < i);
                else     P2=(0XF0> > i)&(0X0F< < i);
                delay();
            }
            j--;                    //避免 j 的数值发生变化
        }
        else
        {
            P2=(0XF0< < j)|(0X0F> > j);
            delay();
        }
    }
}
else
{
    P2=0x00;                    //P2 口输出交替变化
    delay();                    //延时,避免视觉暂留
    P2=0xff;
    delay();
}
}
}
```

需要注意的是,为了保护发生第三种情况时变量 j 的计数值,在 IE0 查询程序中嵌套的 IE1 查询程序中加入了"j--"命令,以此抵消由于执行外部中断 1 服务程序而造成的变量 j 计数值的增加。

【例 3-5】 将例 3-3 改为由查询方式实现。

由于例 3-3 中外部中断 1 的触发方式为边沿触发,当以中断方式实现时,在 CPU 响应中

断后中断标志位可由硬件自动清零,但改为查询方式后,中断标志位无法实现硬件自动清零,必须手动清零,否则,一旦中断标志位置 1,即使撤销中断触发信号,也将始终保持为 1 不变,如图 3-10 所示。因此,例 3-3 的源程序应修改如下。

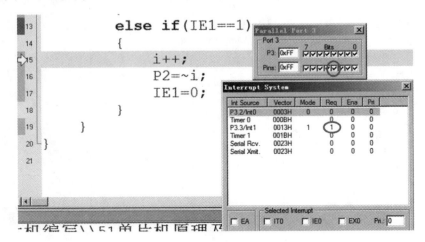

图 3-10　中断标志位无法实现硬件自动清零

```
#include < reg51.h>
unsigned char i;
main()
{
    IT1=1;                          //设定外部中断 1 的触发方式为边沿触发
    while(1)
    {
        if(IE0==1)
        {
            i=0;
            P2=0XFF;
        }
        else if(IE1==1)
        {
            i++;
            P2=~ i;
            IE1=0;                  //必须软件清零
        }
    }
}
```

3.4　产品设计

3.4.1　水库水位监测器设计

假设水库水位监测原理如图 3-11 所示,试通过外部中断方式进行水库水位监测。

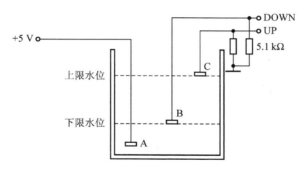

图 3-11　水库水位监测原理图

分析：由图 3-11 可知，水库中放置了 3 根导电金属棒，其中金属棒 A 接＋5 V 电源，金属棒 B、C 均通过电阻接地。当水库中未达到下限水位时，B 与 C 悬空，"DOWN"端与"UP"端均输出低电平；水库中有水且达到下限水位时，A 与 B 导通，此时"DOWN"端输出高电平；当水位达到上限水位时，B 与 C 导通，"UP"端输出高电平。因此水位控制可设两个方向：一是当水位未达到下限水位，即"DOWN"端输出低电平时，发出供水信号；二是当水位超过上限水位，即"UP"端输出高电平时，发出排水信号。

这里可以使用单片机外部中断 0 及外部中断 1 进行水库的供水信号控制和排水信号控制，控制电路可设计为如图 3-12 所示的电路。水位监测低水位输出信号"DOWN"作为单片机外部中断 0 输入信号，当水库存水不足时，"DOWN"信号端输出低电平，触发外部中断 0 中

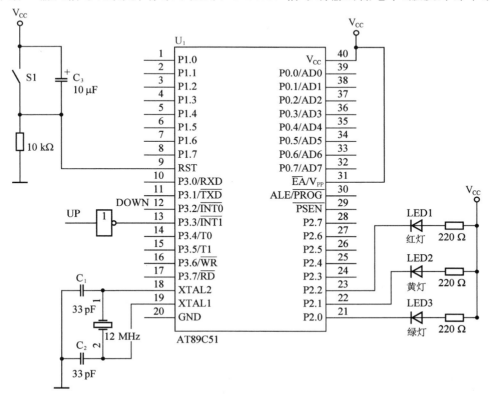

图 3-12　水位监测电路图

断,此时令 P2.1 口所接黄灯闪烁;水位监测高水位输出信号"UP"取反后作为单片机外部中断1 输入信号,当水库水位超过上限水位时,"UP"信号端输出高电平,取反后触发外部中断1中断,令 P2.2 口所接红灯闪烁;当无中断发生、水位正常时,绿灯常亮,红灯、黄灯熄灭。

具体程序如下。

```
#include < reg52.h>
sbit p20=P2^0;                    //位定义 P2.0 口
sbit p21=P2^1;                    //位定义 P2.1 口
sbit p22=P2^2;                    //位定义 P2.2 口
void delay()
{
    int a;
    for(a=0;a< 5000;a++);
}
main()
{
    EX0=1;
    EX1=1;
    EA=1;
    while(1)
    {
        if(IE0! =1&IE1! =1)       //无中断发生时点亮绿灯,关闭红灯及黄灯
        {
            p20=0;
            p21=1;
            p22=1;
        }
    }
}
void int0() interrupt 0           //外部中断 0 发生时关闭绿灯,令黄灯闪烁
{
    p20=1;
    p21=~ p21;
    delay();
}
void int1() interrupt 2           //外部中断 1 发生时关闭绿灯,令红灯闪烁
{
    p20=1;
    p22=~ p22;
    delay();
}
```

在以上程序中,外部中断 0 及外部中断 1 的触发方式均为低电平触发方式,因此在"DOWN"端输出低电平或"UP"端输出高电平时,都会反复触发中断并不断执行中断服务程序,使 P2.1 或 P2.2 口输出电平反复跳变,从而实现黄灯或红灯闪烁。

需要注意的是,本设计并未考虑故障状态,如外部中断 0 及外部中断 1 同时发生时的处理方法,且只能够实现水位监测功能,若加入电动机,还可实现水位自动控制功能,读者可对此进行完善。

3.4.2 8 位抢答器设计

试通过 51 系列单片机外部中断工作方式设计一个抢答允许总控制的 8 位抢答器。具体要求如下。

(1) 使用 8 个开关作为抢答按键,当其中任何一个开关闭合时,判断并输出抢答器序号,同时关闭其所有按键抢答功能。

(2) 每轮抢答开始前,抢答功能不允许开启;抢答开始时,总控开关开启抢答允许功能。

分析:由于共使用 8 个开关作为抢答按键,因此这里可以使用一组 I/O 口连接开关。当开关断开时,向 I/O 口输入高电平;当开关闭合时,向 I/O 口输入低电平。使用一个 8 输入与门对这 8 个输入信号进行逻辑与运算,输出信号作为外部中断 0 的触发信号。一旦有任何开关闭合,都会触发外部中断 0 中断,并在外部中断 0 服务程序中进行抢答器序号的判断及输出,同时关闭外部中断 0 允许,以避免此后其他开关闭合造成的数据覆盖。

可以通过外部中断 1 进行抢答允许控制。在外部中断 1 服务程序中打开外部中断 0 允许,因此在关闭抢答器抢答功能后,只需要触发一次外部中断 1 就可以重新打开外部中断 0 允许位,令抢答器抢答功能生效。抢答器电路如图 3-13 所示。这里使用 P0 口外接抢答开关;使用 P2 口进行 LED 数码管输出控制(LED 数码管工作原理参见第 6.2.2 节);使用 CD4068 8 输入与/与非门做抢答信号与逻辑运算,其与逻辑输出端口"K"连接单片机 P3.2 口,作为外部中断 0 的输入信号,与非逻辑输出端口"J"悬空不用。

具体程序如下。

```
#include < reg52.h>
sbit p20=P2^0;                              //位定义 P2.0 口
sbit p21=P2^1;                              //位定义 P2.1 口
sbit p22=P2^2;                              //位定义 P2.2 口
unsigned char a,b,key=8;
unsigned char code view[]={0XFC,0x60,0XDA,0XF2,0x66,0XB6,0XBE,0XE0,
                           0XFF};           //数码管显示段码
main()
{
    EX1=1;                                  //开启外部中断 1 允许
    EA=1;                                   //开启全局中断允许
    IT0=1;
    IT1=1;                                  //设定触发方式为脉冲触发方式
    while(1);
}

void int0() interrupt 0
{
    EX0=0;                                  //关闭外部中断 0 允许
```

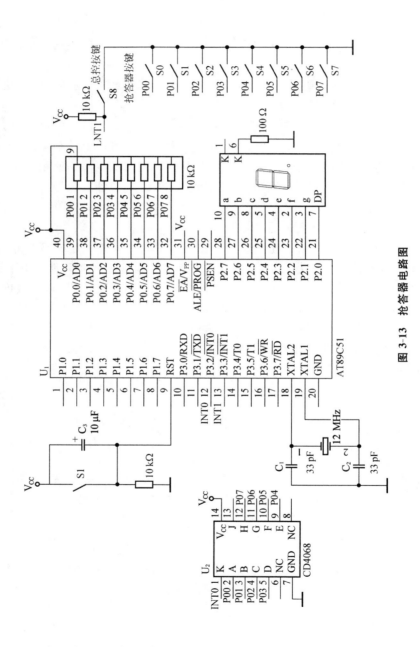

图 3-13　抢答器电路图

```
        a=P0;                                    //读取 P0 口输入值
        for(b=0;b< 8;b++)
            if(((a> > b)&0x01)==0)    key=b;     //判断按键序号
        P2=view[key];                            //输出按键序号段码
    }
    void int1() interrupt 2                      //外部中断 1 发生时,开启外部中断 0 允许
    {
        EX0=1;
    }
```

需要注意的是,本设计中使用 12 MHz 晶振。由软件仿真可知,从抢答器触发外部中断 0 到获取 P0 值以进行按键序号判断共需用时 23 μs,因此,若两个抢答器前后按键时间小于 23 μs,则可能会造成数据冲突。

本设计只能够实现 8 位抢答功能,若要求实现 16 位抢答功能,则请读者自行考虑如何扩展并实现。

习　　题

1. 什么是中断? 51 系列单片机有几个中断标志和几个中断源?

2. 51 系列单片机有几个中断优先级? 中断源的自然优先级排序是什么?

3. 51 系列单片机的中断源中,哪些中断请求标志在中断响应时可以自动清除,哪些不能自动清除? 应如何处理?

4. 若要开定时/计数器 0 中断,并将其设置为高优先级中断,则中断允许控制寄存器 IE 及中断优先级寄存器 IP 应该怎样设置?

5. 写出下列语句的具体含义。

```
    TCON=0X37;
    TCON=0X03;
    IE=0X16;
    IE=0X2A;
```

6. 假设 8051 单片机中断优先级寄存器 IP 被设置为 12H,写出其中断源优先级排序。

7. 试使用单片机的外部中断工作方式设计一个可清零的按键计数器,要求进行一次按键,计数器加 1 并通过 P0 口输出计数结果。画出硬件电路图并编写设计程序。

第4章　51系列单片机的定时/计数系统

学习目标
- 掌握 51 系列单片机定时/计数器的结构及工作原理；
- 掌握定时/计数器的相关控制寄存器；
- 掌握定时/计数器的工作方式；
- 熟练掌握定时/计数器溢出的中断及查询方法。

教学要求

知 识 要 点	能 力 要 求	相 关 知 识
定时/计数器的结构及工作原理	● 了解定时/计数器的结构； ● 掌握定时/计数器的工作原理	
定时/计数器的相关控制寄存器	● 熟练掌握定时/计数器的控制寄存器 TCON、T2CON 及方式寄存器 TMOD、TMOD 各位的含义及用法	
定时/计数器的工作方式	● 熟练掌握定时计数器的四种工作方式	● 方式 0、方式 1、方式 2、方式 3
定时/计数器溢出的中断及查询方法	● 熟练掌握 51 系列单片机的中断源定时/计数器溢出的中断及查询程序设计方法	

定时/计数

时间是人类用以描述物质运动过程或事件发生过程的一个参数，自人类诞生起，人们就感受着昼夜轮回现象，并以"天"、"月"、"季度"、"年"等单位进行记载。时间概念是人们在认识事物的基础上，对事物的存在过程进行定义、划分和相互比对而逐步形成和完善的。人们建立时间概念的一个基本目的是对时，即对各个(种)事物的先后次序进行比对。例如，以耶稣诞生的年份作为公元纪年的开始、以运动场上发令枪响和出现烟雾作为某项比赛的开始。而另一个基本目的就是计时，即衡量、比较各个(种)事物存在过程的长短，如游泳、马拉松、自行车等竞技类项目运动员成绩的判定，人们日常工作生活中各项事务对时间的依赖，等等。单片机在实现各种控制功能时，不可避免地会涉及定时或计数操作，如用单片机设计电子时钟、计时器，或根据每秒接收脉冲的个数计算信号频率的频率计数器等。因此，定时/计数功能是单片机技术中必不可少的一个重要部分。

定时/计数器是单片机的重要功能模块之一，可以实现内部定时和外部事件计数功能。51系列单片机的 51 子系列有两个 16 位可编程定时/计数器，分别是定时/计数器 T0 和定时/计数器 T1；52 子系列有三个，比 51 子系列多了一个定时/计数器 T2。每个定时/计数器都有多种工作方式,其中 T1 有三种,T0 和 T2 有四种。所有定时/计数器定时计数时间到时会产生溢出,使相应溢出位置位,可以通过中断或查询方式处理。

4.1 定时 /计数器的结构及工作原理

4.1.1 定时/计数器的结构

51 系列单片机的定时/计数器主要由加法计数器、方式寄存器 TMOD、控制寄存器 TCON 等组成。其结构框图如图 4-1 所示。其中,定时/计数器 0 由特殊功能寄存器 TH0 和 TL0 构成;定时/计数器 1 由特殊功能寄存器 TH1 和 TL1 构成;52 子系列的定时/计数器 2 是一个 16 位的具有自动重载和捕捉能力的定时/计数器,包含两组特殊功能寄存器,即定时器寄存器 TH2、TL2 及捕捉寄存器 RCAP2H、RCAP2L。定时器方式寄存器 TMOD 用于设置定时/计数器 0 和定时/计数器 1 的工作方式,定时器控制寄存器 TCON 用于启动和停止定时器的计数,并控制定时器的工作状态。定时/计数器 2 由定时器 2 控制寄存器 T2CON 及定时器 2 方式控制器 T2MOD 设置工作方式并启动和停止计数。

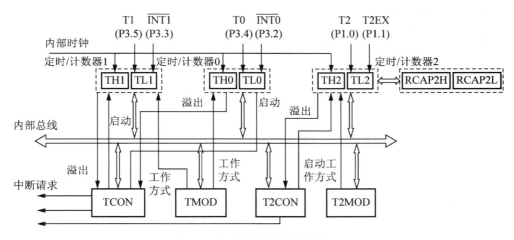

图 4-1 定时/计数器的结构框图

4.1.2 定时/计数器的工作原理

定时/计数器的核心是 16 位加 1 计数器,定时/计数器 0 和定时/计数器 1 有定时和计数两种功能,其工作原理如图 4-2 所示。定时/计数器 2 除了具备定时和计数功能外,还具备对外部事件的捕获功能。定时/计数器的定时脉冲来源于系统时钟振荡器;计数脉冲来源于外部输入脉冲,其输入端口分别为 P3.4、P3.5 及 P1.0;定时/计数器 2 捕获信号输入端为 P1.1。

当定时/计数器为定时工作方式时,对机器周期进行计数,即每过一个机器周期,计数器加 1,直至计满溢出。由于一个机器周期等于 12 个振荡周期,因此定时器计数频率 $f_{count} = 1/12 \times f_{osc}$,定时时间取决于定时器初值及系统振荡频率。在实际应用中,要根据时钟频率确定定时

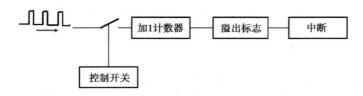

图 4-2　定时/计数器的工作原理

器的初值。单片机系统中实际使用的晶振常见频率为 8 MHz、12 MHz 和 24 MHz。

当定时/计数器为计数工作方式时,通过引脚 T0(P3.4)、T1(P3.5) 及 T2(P1.0) 对外部信号计数,外部脉冲的下降沿将触发计数。计数器在每个机器周期的 S5P2 期间采样引脚输入电平。若一个机器周期采样值为 1,下一个机器周期采样值为 0,则计数器加 1。此后的机器周期 S3P1 期间,新的计数值装入计数器。由于检测一个由 1 至 0 的负跳变需要两个机器周期,因此为了能够准确计数,外部输入脉冲频率不能大于振荡频率的 1/24,同时为了确保某给定电平在变化前至少被采样一次,外部计数脉冲的高电平与低电平保持时间均需在一个机器周期以上。

当定时/计数器 2 被设定为捕获工作方式时,对引脚 T2EX(P1.1) 输入信号进行检测,当该引脚出现负跳变时,执行捕获/重载操作。

给定时器设置了某种工作方式之后,定时器就会按设定的工作方式独立运行,不再占用 CPU 资源。工作在定时或计数状态时,当计数器的计数值计满为全 1 状态时,如果再输入一个计数脉冲,则计数值重新回到全 0,同时溢出标志位 TF0、TF1、TF2 置 1;当定时/计数器 2 工作在捕获状态时,当 T2EX(P1.1) 引脚出现负跳变时,定时/计数器 2 外部标记 EXF2 置位。

4.2　定时/计数器的控制及方式寄存器

51 子系列单片机的定时/计数器 0 和定时/计数器 1 有两个控制寄存器,即 TMOD 和 TCON;52 子系列的定时/计数器 2 也有两个控制寄存器,即 T2MOD 和 T2CON。它们分别用来设置各个定时/计数器的工作方式,选择定时或计数功能,控制启动运行,以及作为运行状态的标志等。其中,TCON 寄存器中有 4 位用于控制外部中断系统。

4.2.1　定时/计数器的控制寄存器

1. 定时器控制寄存器 TCON

定时器控制寄存器 TCON 的位符号及位地址如表 4-1 所示,其位定义在第 3 章中已经详细讲述,这里不再赘述。其中低 4 位用于外部中断控制,高 4 位用于定时/计数器控制。

表 4-1　定时器控制寄存器 TCON 的位符号及位地址

TCON	TF1	TR1	TF0	TR0	IE1	IT1	IE0	IT0
位地址	8FH	8EH	8DH	8CH	8BH	8AH	89H	88H

2. 定时器 2 控制寄存器 T2CON

52 子系列的定时/计数器 2 的定时器 2 控制寄存器是 T2CON,其位符号及位地址如表 4-2所示,可以进行位寻址。

表 4-2　定时器 2 控制寄存器 T2CON 的位符号及位地址

T2CON	TF2	EXF2	RCLK	TCLK	EXEN2	TR2	C_T2	CP_RL2
位地址	CFH	CEH	CDH	CCH	CBH	CAH	C9H	C8H

T2CON 的各位定义如下。

1) TF2

TF2 为定时/计数器 2 的溢出标记。当定时/计数器 2 溢出时,TF2 自动置 1,并申请中断。但当 RCLK＝1 或 TCLK＝1 时,定时/计数器 2 做波特率发生器使用,此时计数溢出不会置位 TF2。需要注意的是,与 TF0 及 TF1 不同,TF2 无法实现硬件清零,只能用软件清零。

2) EXF2

EXF2 为定时/计数器 2 的外部标记。当 EXF2 设置为 1 时,T2EX(P1.1)引脚上的负跳变将引起定时/计数器 2 的捕捉/重装操作,此时 EXF2 自动置 1。在中断允许下,EXF2 置 1 将引起中断。与 TF2 一样,EXF2 只能用软件清除。

需要注意的是,在定时/计数器 2 的向上、向下计数模式下(T2MOD 中的 DCEN 位置 1)EXF2 被锁死,此时 EXF2 不会引起中断。

3) RCLK

RCLK 为接收时钟允许位。当 RCLK 设置为 1 时,定时/计数器 2 的溢出脉冲可用作串口的接收时钟信号,适用于串口模式 1、3;当 RCLK 设置为 0 时,定时/计数器 1 的溢出脉冲用作串口的接收时钟信号。

4) TCLK

TCLK 为发送时钟允许位。与 RCLK 一样,当 TCLK 设置为 1 时,定时/计数器 2 的溢出脉冲用作串口的发送时钟信号;当 TCLK 设置为 0 时,定时/计数器 1 的溢出脉冲用作串口的发送时钟信号。

5) EXEN2

EXEN2 为定时/计数器 2 的外部事件(引起捕捉/重载的外部信号)允许位。当 EXEN2 设置为 1 时,如果定时/计数器 2 没有做串行波特率发生器(即 RCLK≠1 且 TCLK≠1),则 T2EX(P1.1)引脚输入信号的负跳变将引起定时/计数器 2 的捕捉/重载操作;当 EXEN2 设置为 0 时,在 T2EX(P1.1)引脚的负跳变将不起作用。

6) TR2

TR2 为定时/计数器 2 的启动/停止控制位。与 TCON 中的 TR0 和 TR1 一样,当 TR2 设置为 1 时,定时/计数器 2 开始定时/计数;当 TR2 设置为 0 时,定时/计数器 2 停止定时/ 计数。

7) C_T2

C_T2 为定时/计数器 2 的计数/定时功能设置位。当 C_T2 设置为 1 时,定时/计数器 2 工作在计数模式;当 C_T2 设置为 0 时,定时/计数器 2 工作在定时模式。

8) CP_RL2

CP_RL2 为捕捉/重载选择位。

当定时/计数器 2 做串行波特率发生器(RCLK＝1 或 TCLK＝1)时,CP_RL2 控制位不起作用,定时/计数器 2 被强制工作于重载模式下。重载方式发生于计数溢出时,常用来做波特率发生器。

在定时/计数器 2 不用作串行波特率发生器(RCLK≠1 且 TCLK≠1)的条件下,若 CP_RL2 设置为 1,定时/计数器 2 工作在捕捉模式下,此时通过 EXEN2 来选择实现 16 位定时/计数器或 16 位自动捕获两种功能。

当 CP_RL2 设置为 0 时,定时/计数器 2 工作在重载模式下。此时通过 EXEN2 选择中断触发及初值重载的方式。

4.2.2 定时/计数器的方式寄存器

1. 定时器方式寄存器 TMOD

定时器方式寄存器 TMOD 主要用于设置定时/计数器的工作模式、启动方式等。其位符号及字节地址如表 4-3 所示,不能进行位寻址。

表 4-3 定时器控制寄存器 TMOD 的位符号及字节地址

TMOD	GATE	C/$\overline{T}$	M1	M0	GATE	C/$\overline{T}$	M1	M0
字节地址	89H							

TMOD 的高 4 位和低 4 位位符号及位定义是一致的,其中高 4 位控制定时/计数器 1 的方式选择,低 4 位控制定时/计数器 0 的方式选择。其各位定义如下。

1) GATE

GATE 为门控制位。当 GATE 设置为 1 时,由外部中断引脚 INT0、INT1 来启动定时/计数器 0、定时/计数器 1 的计数。当 INT0 引脚为高电平且 TR0 置位时,启动定时/计数器 0;当 INT1 引脚为高电平且 TR1 置位时,启动定时/计数器 1。当 GATE 设置为 0 时,仅由定时/计数启动位 TR0、TR1 控制定时/计数器 0、定时/计数器 1 的启动。

2) C/$\overline{T}$

C/$\overline{T}$ 为功能选择位。当 C/$\overline{T}$ 设置为 0 时,定时/计数器工作在定时模式;当 C/$\overline{T}$ 设置为 1 时,定时/计数器工作在计数模式。

3) M0、M1

M0、M1 为工作方式选择位。由于有两位,因此有 4 种工作方式,具体功能如表 4-4 所示。

表 4-4 定时/计数器 0、定时/计数器 1 的工作方式及功能说明

M1	M0	工 作 方 式	功 能 说 明
0	0	方式 0	13 位定时/计数
0	1	方式 1	16 位定时/计数
1	0	方式 2	自动重载 8 位定时/计数
1	1	方式 3	定时/计数器 0 分为两个 8 位计数器,关闭定时/计数器 1

2. 定时器 2 方式寄存器 T2MOD

52 子系列的定时/计数器 2 的方式寄存器是 T2MOD,其位符号及字节地址如表 4-5 所

示。这里需要注意的是,T2MOD 并不是对所有的 52 子系列单片机都有效,它仅在"regx52.h"中被定义,在"reg52.h"头文件中并未对 T2MOD 进行定义,因此用户在使用时,若使用"reg52.h"头文件,则需要预先使用"sfr"对 T2MOD 进行特殊功能寄存器定义。另外,在选择芯片时,也需要选择能够实现 T2MOD 功能的芯片。

表 4-5 定时器 2 方式寄存器 T2MOD 的位符号及字节地址

T2MOD	—	—	—	—	—	—	T2OE	DCEN
字节地址	C9H							

T2MOD 的各位定义如下。

1) T2OE

T2OE 为 T2 输出允许位,当 T2OE 被设置为 1 时,可以通过编程在 P1.0 引脚输出一个占空比为 50% 的时钟信号。

2) DCEN

DCEN 为双向计数允许位。当 DCEN 设置为 1 时,由 T2EX(P1.1)引脚输入电平控制计数的方向。当 T2EX 引脚输入高电平时,定时/计数器 2 向上计数。定时器寄存器 TH2、TL2 的值由全 1 变为全 0 时溢出,并置位 TF2,同时将 RCAP2H 和 RCAP2L 中的值加载到 TH2、TL2 中。当 T2EX 引脚输入低电平时,定时/计数器 2 向下计数。当 TH2 和 TL2 分别等于 RCAP2H 和 RCAP2L 中的值时,计数器下溢,并置位 TF2,同时将 FFFFH 加载到 TH2、TL2 中。

通过特殊寄存器 T2MOD、T2CON,定时/计数器 2 有 4 种工作方式,如表 4-6 所示。

表 4-6 定时/计数器 2 的工作方式

RCLK+TCLK	CP_RL2	TR2	T2OE	工 作 方 式
0	0	1	0	16 位自动重载
0	1	1	0	16 位捕获
0	0	1	1	可编程时钟输出
1	X	1	0	波特率发生器

4.3 定时/计数器的工作方式

4.3.1 定时/计数器 0、1 的工作方式

51 系列单片机的定时/计数器 0 有 4 种工作方式:方式 0、方式 1、方式 2 及方式 3,而定时/计数器 1 只有前 3 种工作方式,且与定时/计数器 0 的工作原理完全一样。

1. 方式 0

当 TMOD 中的 M1、M0 都为 0 时,定时/计数器 0、1 工作在方式 0,其逻辑结构如图 4-3 所示。

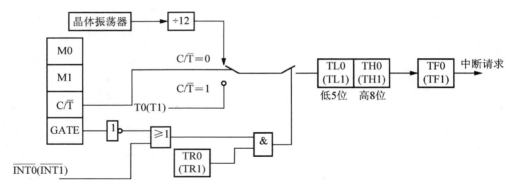

图 4-3 方式 0 的逻辑结构图

在这种方式下,16 位加法计数器只用了 13 位,分别是 TL0(TL1)的低 5 位和 TH0(TH1)的高 8 位,TL0(TL1)的高 3 位未使用,为无效位。计数时,当 TL0(TL1)的低 5 位为全 1 状态后,再加上一个计数脉冲,则向 TH0(TH1)进位,同时 TL0(TL1)低 5 位变为全 0 状态;当 TH0(TH1)计数值满发生溢出时,TF0(TF1)置位,发出中断请求。

当 $C/\overline{T}$ 设置为 0 时,多路开关连接到晶体振荡器 12 分频输出端,对机器周期计数,工作在定时模式。此时定时时间为(2^{13}－T0/T1 初值)×机器周期。若单片机的振荡频率为 12 MHz,则机器周期为 1 μs 的最大定时时间为 2^{13}×1 μs＝8192 μs,最小定时时间为[2^{13}－(2^{13}－1)]×1 μs＝1 μs。

当 $C/\overline{T}$ 设置为 1 时,多路开关与 T0(T1)引脚连接,对外部输入脉冲计数,工作在计数模式,每当检测到 T0 引脚出现负跳变时,计数值加 1。此时需注意,由于检测一个负跳变需要两个机器周期,因此外部输入脉冲频率不能大于振荡频率的 1/24。若要求计数值为 N,则初值应为 8192－N。

方式 0 的定时/计数计算公式如表 4-7 所示。

表 4-7 方式 0 的定时/计数计算公式

最大计数值	最大定时时间	定时初值计算公式	计数初值计算公式
2^{13}＝8192	2^{13}×$T_{机}$	X＝2^{13}－T/$T_{机}$	X＝2^{13}－计数值

当 GATE 设置为 0 时,或门输出为 1,此时定时/计数器的启动仅由 TR0(TR1)控制。TR0(TR1)为 1 时,启动计数;TR0(TR1)为 0 时,停止计数。

当 GATE 设置为 1 时,或门输出由 $\overline{INT0}$、$\overline{INT1}$决定,此时定时/计数器的启动由 TR0(TR1)及$\overline{INT0}$、$\overline{INT1}$联合控制。只有当 TR0(TR1)为 1,同时$\overline{INT0}$、$\overline{INT1}$输入高电平时才能够启动计数,否则停止计数。

在方式 0 的计数过程中,当计数值满溢出时,寄存器 TL0(TL1)及 TH0(TH1)中的 13 位值变为全 0 状态,并在计数脉冲到来时从 0 开始重新计数。如果要重新实现 N 个单位的计数,则必须重新置入初值。

2. 方式 1

当 TMOD 中的 M1、M0 分别为 0、1 时,定时/计数器 0、1 工作在方式 1,其逻辑结构如图 4-4 所示。

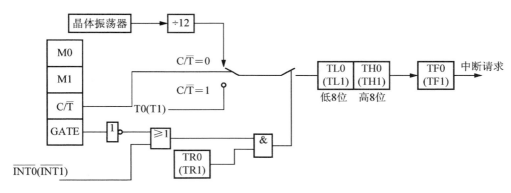

图 4-4 方式 1 的逻辑结构图

从图 4-4 可以看到,方式 1 的逻辑结构与方式 0 的基本相同,只是把 13 位计数变成了 16 位计数。计数时,TL0(TL1)用作低 8 位,TH0(TH1)用作高 8 位。当 TL0(TL1)的 8 位计数值满溢出时,向 TH0(TH1)进位,直到 TH0(TH1)计数值满发生溢出,TF0(TF1)置位,发出中断请求。

由于采用了 16 位计数,当定时/计数器工作在定时模式时,定时时间为 $(2^{16}-\text{T}0/\text{T}1$ 初值$)\times$机器周期。若单片机的振荡频率为 12 MHz,则机器周期为 1 μs 的最大定时时间为 $2^{16}\times 1$ μs$=65536$ μs。当定时/计数器工作在计数模式时,若要求计数值为 N,则初值应为 $65536-\text{N}$。

方式 1 的定时/计数计算公式如表 4-8 所示。

表 4-8 方式 1 的定时/计数计算公式

最大计数值	最大定时时间	定时初值计算公式	计数初值计算公式
$2^{16}=65536$	$2^{16}\times\text{T}_{机}$	$\text{X}=2^{16}-\text{T}/\text{T}_{机}$	$\text{X}=2^{16}-$ 计数值

与方式 0 一样,当计数值满溢出时,寄存器 TL0(TL1)及 TH0(TH1)中的 16 位值变为全 0 状态,并在计数脉冲到来时从 0 开始重新计数。如果要重新实现 N 个单位的计数,则必须重新置入初值。

3. 方式 2

当 TMOD 中的 M1、M0 分别为 1、0 时,定时/计数器 0、1 工作在方式 2,其逻辑结构如图 4-5 所示。

在这种方式下,16 位加法计数器只用了 8 位,即 TL0(TL1)的 8 位计数,而 TH0(TH1)的 8 位用于存放初值。计数时,当 TL0(TL1)的 8 位计数值发生溢出时,一方面使 TF0(TF1)置位,发出中断请求;另一方面触发三态门,使三态门导通,将 TH0(TH1)的初值自动装载到 TL0(TL1)中。

此时,当定时/计数器工作在定时模式时,定时时间为 $(2^8-\text{T}0/\text{T}1$ 初值$)\times$机器周期。若单片机的振荡频率为 12 MHz,则机器周期为 1 μs 的最大定时时间为 $2^8\times 1$ μs$=256$ μs。当定时/计数器工作在计数模式时,若要求计数值为 N,则初值应为 $256-\text{N}$。

方式 2 的定时/计数计算公式如表 4-9 所示。

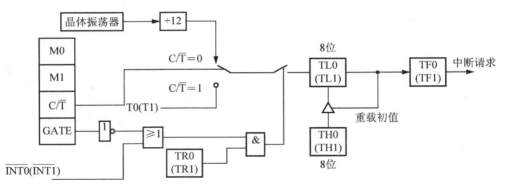

图 4-5　方式 2 的逻辑结构图

表 4-9　方式 2 的定时/计数计算公式

最大计数值	最大定时时间	定时初值计算公式	计数初值计算公式
$2^8 = 65536$	$2^8 \times T_{机}$	$X = 2^8 - T/T_{机}$	$X = 2^8 - 计数值$

由于方式 2 具备初值硬件自动重载功能,在进行重复计数时不需要软件重置,所以可以节省软件重置所需要的时间。因此,在需要多次重复计数以实现长时间定时的情况下,为了使定时时间更精确,一般采用方式 2 的工作方式。

4. 方式 3

方式 3 只有定时/计数器 0 才具备,此时 TMOD 中的 M1、M0 均被设置为 1,其逻辑结构如图 4-6 所示。

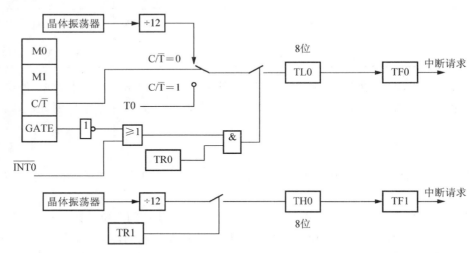

图 4-6　方式 3 的逻辑结构图

在方式 3 下,定时/计数器 0 被分为两个独立的 8 位计数器 TL0 和 TH0。其中 TL0 既可工作在定时模式下,又可工作在计数模式下,其工作方式与方式 2 的类似,但不具备初值自动重载功能。TH0 只能工作在定时模式下,对机器周期进行计数。此时,TH0 占用了定时/计数器 1 的启动控制位 TR1 和溢出标志位 TF1,即 TH0 计数的启动和停止由 TR1 控制,溢出时则置位 TF1。

在这种工作方式下,定时/计数器 1 的启动控制位与溢出标志位都被定时/计数器 0 占用,故此时定时/计数器 1 计数溢出时无法置位 TF1,也无法触发中断,而其计数则自动运行,不受启动位控制。因此,当定时/计数器 0 被设置为工作方式 3 时,定时/计数器 1 只能充当波特率发生器使用。而当定时/计数器 1 被强行设置为方式 3 时,将停止工作。

4.3.2 定时/计数器 2 的工作方式

51 系列单片机的 52 子系列除了包含定时/计数器 0 和定时/计数器 1 外,还包含定时/计数器 2。通过对特殊功能寄存器 T2CON 及 T2MOD 的设置,定时/计数器 2 也有 4 种工作方式:16 位自动重载、16 位捕捉、可编程时钟输出及波特率发生器。

1. 16 位自动重载

当特殊功能寄存器 T2CON 中的捕捉/重装选择位 CP_RL2 被设置为 0 时,定时/计数器 2 工作在 16 位自动重载方式下。这种方式有两种情况:一种是向上计数;另一种是双向计数,由 T2MOD 中的双向计数允许位 DCEN 控制。

1)向上计数

向上计数 16 位自动重载的逻辑结构如图 4-7 所示。

在这种方式下,CP_RL2 置 0,DCEN 置 0。定时器寄存器 TH2、TL2 用于存放计数值,捕捉寄存器 RCAP2H、RCAP2L 用于存放计数初值。此时计数范围为计数初值～0FFFFH,计数方式为加 1 计数,因此称为向上计数。当 TL2、TH2 发生计数溢出或 T2EX(P1.1)引脚输入负脉冲(EXEN2＝1)时,触发三态门,将 RCAP2L 及 RCAP2H 中的初值分别重载到 TL2 和 TH2 中,同时 TF2 或 EXF2 置位,发出中断请求。

TL2 和 TH2 计数的启动由 TR2 位控制,计数脉冲由 C_T2 位进行设置,其工作方式与定时/计数器 0、1 的方式 1 相似,但多了初值的自动重载功能。需要注意的是,这里的初值重载可能在两种情况下发生。当 EXEN2 设置为 0 时,禁止外部事件,此时只有发生计数溢出时才能够引发初值重载及中断请求;当 EXEN2 设置为 1 时,允许外部事件,当发生计数溢出时或在 T2EX(P1.1)引脚检测到负脉冲时都能够引发初值重载及中断请求。

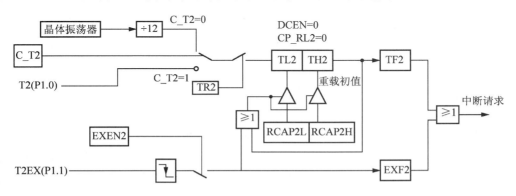

图 4-7 向上计数 16 位自动重载的逻辑结构

2)双向计数

DCEN 置 1 时,定时/计数器进入双向计数模式。此时 TH2、TL2 可能执行加 1 向上计数,也可能执行减 1 向下计数,具体计数方向由 T2EX(P1.1)引脚输入信号电平控制,其逻辑结构如图 4-8 所示。

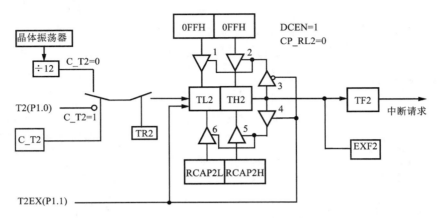

图 4-8 双向计数 16 位自动重载的逻辑结构

(1) T2EX(P1.1)引脚输入高电平,定时/计数器 2 向上计数。

当 T2EX(P1.1)引脚输入高电平时,4 号三态门导通,3 号三态门截止。当定时器寄存器 TH2、TL2 的计数值发生溢出时,输出高电平溢出信号,同时置位 TF2 及 EXF2,再通过 4 号三态门使能 5、6 号三态门,将 RCAP2H 和 RCAP2L 中的值加载到 TH2、TL2 中;当再次输入计数脉冲时,TH2、TL2 将从加载的初值开始重新加 1 计数,同时输出低电平,使 5、6 号三态门截止。

(2) T2EX(P1.1)引脚输入低电平,定时/计数器 2 向下计数。

当 T2EX(P1.1)引脚输入低电平时,3 号三态门导通,4 号三态门截止。当定时器寄存器 TH2、TL2 的计数值等于 RCAP2H 和 RCAP2L 中的值的时候,计数器下溢,输出高电平溢出信号,同时置位 TF2 及 EXF2,同时通过 3 号三态门使能 1、2 号三态门,将值 0FFH 加载到 TH2、TL2 中;当再次输入计数脉冲时,TH2、TL2 将从 0FFFFH 开始重新减 1 计数,同时输出低电平,使 1、2 号三态门截止。

需要注意的是,在这种工作方式下,由于 T2EX(P1.1)引脚被用于充当向上、向下计数选择控制端口,而不是捕获/重装信号输入端口,因此外部标记位 EXF2 与 TF2 被锁定在一起,出现溢出信号时将同时置位,清零时需同时清零。

2. 16 位捕捉

当特殊功能寄存器 T2CON 中的捕捉/重装选择位 CP_RL2 被设置为 1 时,定时/计数器 2 工作在 16 位捕捉方式下,其逻辑结构如图 4-9 所示。

在捕捉模式下,通过 T2CON 中的 EXEN2 来选择两种工作方式。EXEN2 设置为 0,定时/计数器 2 是一个 16 位定时/计数器,溢出时,对 T2CON 的 TF2 标志置位,TF2 引起中断;EXEN2 设置为 1,定时/计数器 2 仍作为 16 位定时/计数器使用,但当在外部输入 T2EX(P1.1)引脚检测到负脉冲时,会使得外部标记 EXF2 置位,发送中断请求,同时置位信号使能三态门,将此时 TH2 和 TL2 中的值分别捕捉到 RCAP2H 和 RCAP2L 中。

需注意的是,此时 T2MOD 中的双向计数允许位 DCEN 必须置 0,否则将锁定 EXF2,从而无法使能三态门,实现捕捉功能。

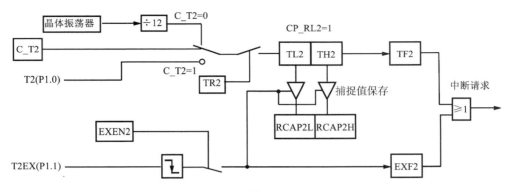

图 4-9 16 位捕捉的逻辑结构

3. 可编程时钟输出

当 T2MOD 中的 T2 输出允许位 T2OE 置 1 时,定时/计数器 2 工作在可编程时钟输出模式,其逻辑结构如图 4-10 所示。

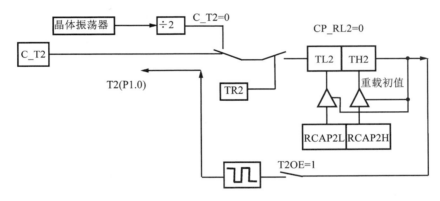

图 4-10 可编程时钟输出的逻辑结构

在这种工作模式下,P1.0 作为输出引脚而无法充当外部计数脉冲输入端,因此位 C_T2 必须清零,由系统时钟提供计数脉冲。需要注意的是,此时计数频率为 $f_{osc}/2$,高于前两种工作模式的 $f_{osc}/12$,因此是对状态周期而不是机器周期进行计数。当 TH2、TL2 中的计数值发生溢出时,使能三态门,自动重载捕捉寄存器 RCAP2H、RCAP2L 中的初值,同时使 P1.0 引脚输出电平反转,从而输出一个占空比为 50% 的时钟信号。

时钟的输出频率取决于振荡频率和定时/计数器 2 的重载初值,计算公式为:$f_{osc}/[4×(2^{16}-重载初值)]$。若晶体振荡器的振荡频率为 12 MHz,则输出时钟频率范围在 46 Hz～3 MHz 之间。在可编程时钟输出模式下,定时/计数器 2 不会产生中断。

4. 波特率发生器

将 T2CON 中的 TCLK 或 RCLK 设置为 1,则定时/计数器 2 用作波特率发生器,其逻辑结构如图 4-11 所示。

波特率发生器的工作模式与可编程时钟输出模式相似,但此时 TH2、TL2 溢出信号用于产生发送/接收波特率,而不是输出脉冲。因此,此时 T2 引脚可以用作计数脉冲输入端。此外,在波特率发生器的工作模式下,寄存器的值是在每个状态时间(1/2 振荡频率)加 1,而不是

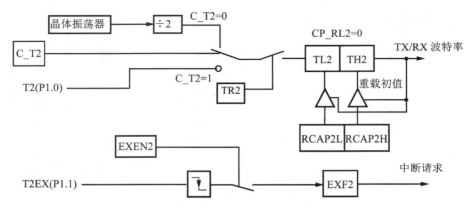

图 4-11　波特率发生器的逻辑结构

在每个机器周期加 1。因此,进行串行通信时,TH2、TL2 溢出率的 16 倍频率作为波特率,其计算公式为:T2 溢出率/16。若定时/计数选择位 C_T2 被设置为 0,则波特率为 $f_{osc}/[32 \times (2^{16} - 重载初值)]$;若定时/计数选择位 C_T2 被设置为 1,则波特率为 $f_{count}/[32 \times (2^{16} - 重载初值)]$。

需要注意的是,在波特率发生器的工作模式下,TH2、TL2 的计数溢出并不置位 TF2,也不产生中断;而将 EXEN2 置位后,T2EX 引脚上的负跳变不会让 RCAP2H、RCAP2L 中的值重载到 TH2、TL2。因此,当定时/计数器 2 用作波特率发生器时,T2EX 还可以作为一个额外的外部中断使用。

4.4　定时/计数器应用设计实例

51 系列单片机的定时/计数器的工作方式、启动方式都由软件编程控制,在使用定时/计数器之前,需要对其进行初始化设置,以便使其按照需要的方式工作。根据其逻辑结构,一般而言,初始化设置包括以下几个方面。

(1) 按照需要打开或关闭定时中断。

(2) 确定定时器工作方式。

(3) 设置定时/计数初值。

(4) 启动定时/计数器。

4.4.1　定时/计数器 0、1 编程实例

定时/计数器 0、1 的工作方式 0、方式 1、方式 2 完全相同,当定时/计数器 0 设定为工作方式 3 时,定时/计数器 1 只能作为波特率发生器使用。下面分别对这 4 种工作方式进行介绍。

1. 方式 0

【例 4-1】　假设 51 系列单片机使用的晶体振荡器的振荡频率为 12 MHz,要求利用定时/计数器 0 以方式 0 的定时中断功能使 P0.0 口输出持续时间为 5 ms 的低电平。

51 单片机的 P0 复位值为 0XFF,在不对 P2 清零的情况下,P0.0 口始终输出高电平。根

据题目要求,可以通过定时/计数器 0 定时 5 ms,在启动定时器后对 P0.0 口清零,定时器溢出中断后对 P0.0 口复位,同时关闭定时器,从而实现 5 ms 低电平输出。

由于采用的晶体振荡器的振荡频率为 12 MHz,因此机器周期为 1 μs,在定时模式下,计数初值应为 $(2^{13}-5000) \times 1\ \mu s = 3192\ \mu s$,因此 TL0 及 TH0 应分别为 0X18 及 0X63。

程序代码如下。

```
#include < reg51.h>
main()
{
    ET0=1;              //开启定时/计数器 0 的中断允许
    EA=1;               //开启全局中断允许
    TMOD=0X00;          //设定启动方式为软件启动,工作模式为定时模式,工作方式为方式 0
    TL0=0X18;
    TH0=0X63;
    TR0=1;              //启动定时计数
    P0=0XFE;
    while(1);
}
void t0() interrupt 1
{
    P0=0XFF;
    TR0=0;              //关闭定时计数
}
```

对以上程序进行调试。当 P0.0 口由高电平变为低电平时,可以看到此时程序的运行时间为 0.00040000 s;当 P0.0 口由低电平恢复为高电平时,运行时间为 0.00540400 s,而 TL0 中的计数值为 0x07,如图 4-12 所示。此时 P0.0 口输出低电平的持续时间是 5004 μs,而不是题目要求的 5000 μs,这是由于在 P0.0 口输出电平由高变低时,CPU 执行了访问 TR0 和 P0 指令,花费了 3 个机器周期,因此 TL0 中的计数值由 0x18 变成了 0x1B,在间隔 4997 μs 后发生计数溢出,发出中断请求;CPU 响应中断请求到进入中断服务程序需要 5 个机器周期,即 5 μs,之后再次访问 P0 口将 P0.0 口置 1 又需要 2 个机器周期,因此 P0.0 口输出低电平的持续时间一共是 5004 μs。

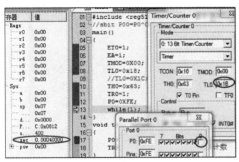

(a) P0.0 输出低电平

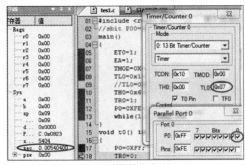

(b) P0.0 恢复高电平

图 4-12 方式 0 的程序调试界面

可见,如果要实现精确定时,还需要考虑中断响应所需要的时间。对于本例,由于定时时间多了 4 μs,因此可以将计数初值增加 4,即将 TL0 初值改为 0X1C 即可,这样,P0.0 口输出低电平的时间就可以精确控制在 5 ms。

2. 方式 1

【例 4-2】 假设 51 系列单片机使用的晶体振荡器的振荡频率为 12 MHz,要求利用定时/计数器 0 以方式 1 的定时中断功能使 P0.0 口输出持续时间为 0.5 s 的低电平,同时设置启动方式为硬件启动。

方式 1 是 16 位计数,计数次数最大值为 65536 次,由于振荡频率为 12 MHz,因此最大定时时间只有 65.536 ms,若要定时为 500 ms,则需进行多次定时,并对定时次数进行计数,最终达到定时 500 ms 的目的。例如选择单次定时 50 ms,则定时 10 次即达到 500 ms。此时定时初值应为 $2^{16}-50000=15536$,即 TL0 及 TH0 应分别为 0XB0 及 0X3C。例 4-1 中采用的是软件启动计数,因此可以在 TR0 设置为 1 后将 P0.0 口置 0,但若采用硬件启动,则必须在检测到 $\overline{INT0}$(P3.2)引脚输入高电平且 TR0 置 1 时才能将 P0.0 口清零。由于 $\overline{INT0}$ 端口输入电平由外接硬件控制,因此在主程序中需对 $\overline{INT0}$ 输入信号进行循环判断,如果满足启动条件,则将 P0.0 口清零,否则保持为高电平输出不变。其源程序代码如下。

```
#include < reg51.h>
char a;
main()
{
    ET0=1;                  //开启定时/计数器 0 的中断允许
    EA=1;                   //开启全局中断允许
    TMOD=0X09;              //设定 T0 启动方式为硬件启动,工作在定时模式下,工作方式为方式 1
    TL0=0Xb5;
    TL0=0XB0;
    TH0=0X3C;
    TR0=1;                  //置位计数允许位
    while(1)
    {
        if((INT0==1)&(TR0==1))
            P0=0XFE;
    }
}
void t0() interrupt 1
{
    TL0=0XB0;           //初值重载
    TL0=0XB8;
    TH0=0X3C;
    a++;                //溢出次数计数
    if(a==10)           //溢出 10 次,定时 0.5 s
    {
        P0=0XFF;
        TR0=0;          //关闭定时计数
```

```
        }
    }
```

需要注意的是,每次定时发生溢出后,TL0 及 TH0 的数值将自动清零。为了保证每次定时时间都为 50 ms,在每次溢出中断后需要重新装载定时初值。

在调试之前,应首先通过 P3 控制窗口将 P3.2 口清零,也可以直接通过定时/计数器 0 控制窗口中的 INT0# 前的复选框将 P3.2 口清零。从程序运行中可以看到,在 P3.2 口置位前,尽管计数允许位 TR0 已经置 1,但定时/计数器 0 不工作,计数存储器 TL0、TH0 中的值保持不变。只有在 P3.2 口电平变为 1 后,才开始计数过程,如图 4-13 所示。

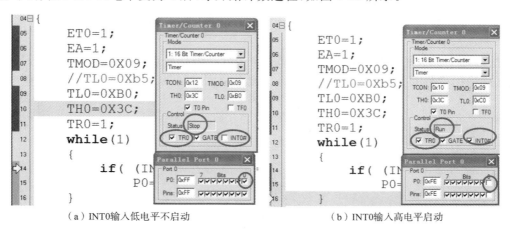

(a) INT0输入低电平不启动　　　　　　　　(b) INT0输入高电平启动

图 4-13　方式 1 的硬件启动程序调试界面 1

当 T0 启动后,运行程序观察每次溢出间隔时间,由于系统响应中断及重载初值所耗时间会导致单次定时时间增加 8 μs 的误差,因此需要对重载初值进行调整,即将 TL0 改为 0XB8。最后观察 P0.0 保持低电平的时间间隔,通过更改第一次装载的定时初值对最终误差进行调整,即将 TL0 改为 0XB5,最终将得到精确定时时间,如图 4-14 所示。

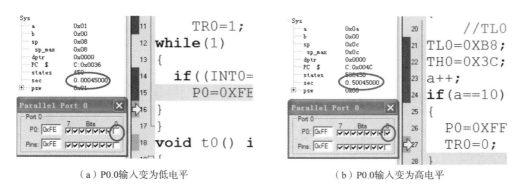

(a) P0.0输入变为低电平　　　　　　　　(b) P0.0输入变为高电平

图 4-14　方式 1 的硬件启动程序调试界面 2

由例 4-2 可看出,在进行超出定时器定时最大时间的定时时,方式 0 和方式 1 虽然可以利用多次溢出,并通过对溢出次数进行计数来实现,但由于系统响应中断以及初值重载所需要花费的时间,若要进行精确定时,必须对计算之后的初值进行调试校正,使用时较为麻烦。在这种情况下,可以采用方式 2 实现。

3. 方式 2

【例 4-3】 假设 51 系列单片机使用的晶体振荡器的振荡频率为 12 MHz,要求利用定时/计数器 0 以方式 2 的中断功能设计一个秒定时器,硬件电路如图 3-3 所示,计时结果由 P2 口以二进制形式输出,由 S3 按键进行启动/停止控制,由 S2 按键进行清零控制。

方式 2 是具备自动重载功能的 8 位定时/计数器,相对于方式 0 和方式 1 而言,每当计数溢出时,不必通过软件重载初值,省去了初值重载所花费的时间,因此也不需要最后进行时间微调,在精确定时方面更有优势。

方式 2 计数次数最大值为 256 次,由于振荡频率为 12 MHz,因此最大定时时间只有 256 μs,若要定时 1 s,则需与例 4-2 一样进行多次定时,并对定时次数进行计数,最终达到定时 1 s 的目的。

此外,题中要求使用外部中断 0 及外部中断 1 分别进行启动/停止和清零控制,因此启动方式必须采用软件启动,且启动/停止命令需要放在外部中断 0 服务程序中。源程序代码如下。

```
#include < reg51.h>
int a;
unsigned char s=0XFF;
main()
{
    IE=0X87;            //开启外部中断 0、T0、外部中断 1 及中断总控位的中断允许
    IT0=1;              //设置外部中断 0 的触发方式为边沿触发
    TMOD=0X02;          //设定 T0 工作在方式 2
    TL0=0X06;           //设定 T0 定时初值为 6
    TH0=0X06;           //设定 T0 重载初值为 6
    while(1);
}
void t0() interrupt 1
{
    a++;                //溢出次数计数
    if(a==4000)         //溢出 4000 次,定时 1 s
    {
        s--;
        P2=s;
        a=0;            //a 清零,准备再一次定时 1 s
    }
}
void int0() interrupt 0
{
    TR0=~ TR0;          //启动/停止定时器
}
void int1() interrupt 2  //清零程序
{
    P2=0XFF;
```

```
        s=0;
        TL0=6;
        TR0=0;
    }
```

在外部中断 1 控制的清零程序中,需要对所有发生了变化的变量及特殊功能寄存器进行初始值复位,否则可能在下一次的秒定时启动时造成定时时间误差。

通过软件仿真,每溢出 4000 次,时间间隔为精确 1 s,如图 4-15 所示,不需要进行初值调整。

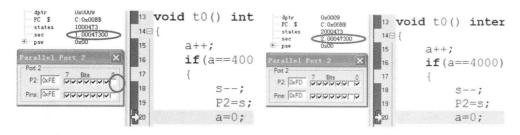

图 4-15　方式 2 的硬件启动程序调试界面

4．方式 3

【例 4-4】　假设 51 单片机使用的晶体振荡器的振荡频率为 12 MHz,硬件电路如图 4-16 所示,要求利用定时/计数器 0 以方式 3 的工作方式完成 5 ms 联合定时,并通过 P1.1 口输出占空比为 1∶1、周期为 10 ms 的矩形波。

定时/计数器 0 工作在方式 3 时,可分为一个 8 位定时/计数器和一个 8 位定时器,根据要求,可以令 TH0 进行 250 μs 定时,产生周期为 500 μs 的脉冲信号,作为 TL0 的计数脉冲,当 TL0 计数到 10 时,则联合定时 5 ms。其源程序代码如下。

图 4-16　硬件电路

```
#include < reg51.h>
#include < stdio.h>
sbit P10=P1^0;
sbit P11=P1^1;
unsigned int a;
main()
{
    ET0=1;          //开启定时/计数器 0 的中断允许
    ET1=1;          //开启定时/计数器 1 的中断允许
    EA=1;           //开启全局中断允许
    TMOD=0X07;      //设定 T0 工作方式为方式 3,TL0 工作在计数模式,TH0 工作在定时
                      模式
    TL0=0X00;
    TH0=0X0B;       //写入初值
    TR0=1;          //启动 TL0 计数
    TR1=1;          //启动 TH0 定时计数
    while(1)
```

```
    {
        a=TL0;
        if(a==10)
        {
            P11=~ P11;//产生周期为 10 ms 的脉冲信号
            TL0=0X00; //TL0 清零
        }
    }
}

void t1() interrupt 3
{
    TH0=0X0B;          //重新写入初值
    P10=~ P10;         //产生周期为 500 μs 的脉冲信号
}
```

为了使定时更精确,考虑到装载初值所需耗费的时间,这里将 TH0 的定时初值设定为 0X0B。

4.4.2　定时/计数器 2 的编程实例

定时/计数器 2 的 16 位自动重载与波特率发生器工作方式的工作原理和定时/计数器 0、1 的工作原理相似,这里就不再赘述,下面主要就其 16 位捕捉、向下计数与可编程时钟输出工作方式进行介绍。

1. 16 位捕捉

【例 4-5】　假设一 52 子系列单片机采用的晶体振荡器的振荡频率为 12 MHz,利用该单片机的 16 位捕捉功能制作一个测量范围为 0～100 kHz 的简易频率测量计。

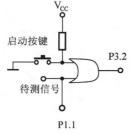

图 4-17　频率测量计的启动控制

根据 52 子系列 16 位捕捉功能的工作原理,可以将待测信号作为捕捉信号,令 TL2、TH2 从 0 开始计数;当检测到捕捉信号下降沿时,提取出捕捉值,可以知道在待测信号一个周期内经过了几个机器周期,即一个周期所用的时间是几微秒。通过换算关系式:$f=1/($计数总值$\times 10^{-6})$,即可得出待测信号频率。为了保证捕捉值刚好为待测信号一个周期所经过的机器周期值,可以将待测信号与启动按键信号或运算后作为启动控制信号使用,如图 4-17 所示。

频率测试工作过程输入端口及相关标志位变化的时序电路如图 4-18所示。

当未启动时,P3.2 口输入始终为高电平,不触发外部中断 0,不启动 T2 定时计数,此时待测信号的下降沿导致的 EXF2 置位无效,不作任何操作就直接清零;当按下启动按键,P3.2 口输入信号根据待测信号发生变化,当待测信号出现下降沿时,同时导致 IE0 及 EXF2 置位,触发外部 0 中断及 T2 中断,此时在外部中断 0 服务程序中启动 T2 定时计数,令 TL2、TH2 从 0 开始计数,并对 IE0 和 EXF2 清零,取消 T2 的中断请求;当待测信号再次出现下降沿时,IE0

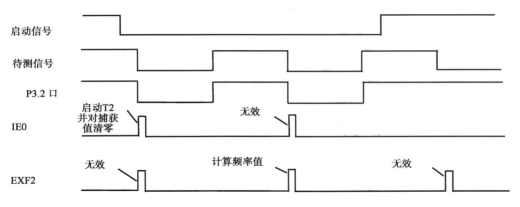

图 4-18　频率测试工作过程输入端口及相关标志位变化时序电路图

与 EXF2 再次置位,此时应取出捕获值来计算频率值,因此需要提前关闭外部中断 0 并令此时的 IE0 信号置位无效,仅响应 T2 的中断请求,在中断服务程序中计算出频率值并重新开启外部中断 0,以便于下次重新启动频率测量。如果启动信号低电平持续时间过长,则在这段时间内重复上述过程并对同一信号进行多次频率测量;若启动信号低电平持续时间过短,小于待测信号周期值,则会造成测量错误。因此,根据本例的测量范围,启动信号低电平持续时间至少需要保持 1 s。

需要注意的是,由于检测下降沿至少需要两个机器周期,故捕捉信号频率不能大于振荡频率的 1/24。题目要求测量范围不超过 100 kHz,满足要求,因此可以利用捕捉功能实现频率测量。若超出频率要求范围,将无法实现捕捉功能。源程序如下。

```
#include < reg52.h>
#include < stdio.h>
unsigned long int fre;
unsigned char a,b,c;
main()
{
    TI=1;                       //串行输出标志位置 1
    ET2=1;                      //开启定时/计数器 2 的中断允许
    EX0=1;                      //开启外部中断 0 的中断允许
    EA=1;                       //开启全局中断允许
    IT0=1;                      //外部中断 0 为脉冲触发方式
    CP_RL2=1;                   //设定 T2 工作在捕捉模式
    EXEN2=1;                    //开启外部事件(引起捕捉外部信号)允许位
    while(1);
}
void int0() interrupt 0
{
    TR2=1;                      //启动定时器计数
    TL2=0X00;
    TH2=0X00;                   //T2 清零
    EXF2=0;                     //将测量启动时导致的置位清零
```

```
        EX0=0;                              //屏蔽测量停止时导致的外部中断 0
    }
    void t2() interrupt 5
    {
        if(TF2==1)
        {
            a++;
            TF2=0;                          //软件清零
        }
        if((EXF2==1)&(TR2==1))
        {
            TR2=0;                          //关闭定时计数
            b=RCAP2H;
            c=RCAP2L;
            fre=1000000/(a*65536+ b*256+ c);        //通过计数值计算信号频率
            printf("Frequency is % lu Hz\n",fre);   //通过串行窗口输出信号频率
            a=0;
            EXF2=0;                         //软件清零
            IE0=0;                          //软件清零,令 IE0 无效
            EX0=1;                          //重新开启外部中断 0,准备下次测量
        }
        else EXF2=0;                        //置位无效并软件清零
    }
```

这里使用串行输出信号观察测量频率值,因此需要将 TI 置 1,令"printf()"命令有效。软件调试结果如图 4-19 所示。这里需注意的是,标志位 TF2 与 EXF2 置 1 时都能够触发中断请求,因此在定时/计数器 2 中断服务程序中,需要判断是哪个标志位触发的中断,并执行相应的指令。另外,TF2 与 EXF2 无法通过硬件自动清零,因此在响应中断后,必须通过软件清零。

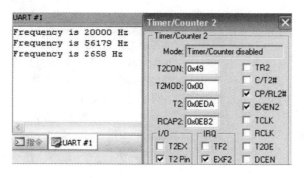

图 4-19 软件调试结果

2. 向下计数

【例 4-6】 将例 4-3 改为由 AT89S52 单片机的 T2 的向下计数方式实现。

向下计数功能需要使用特殊功能寄存器 T2MOD。由于 T2MOD 并不是对所有的 52 子系列单片机都有效,因此在建立工程选择目标芯片时,需要选择能够实现 T2MOD 功能的单片机,可以通过调试状态下外围设备中的 T2 窗口观察该芯片是否具备 T2MOD 功能,如图

4-20所示。

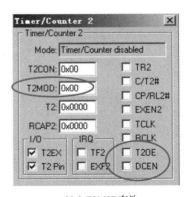

（a）T2MOD无效　　　　　　　　　（b）T2MOD有效

图 4-20　T2 观察窗口

T2 的向下计数模式也具备自动重载功能，与 T0 和 T1 的方式 2 不同的是，每次计数值等于 RCAP2H 及 RCAP2L 中的设定值时，恢复 0XFFFF，并在 $f_{osc}/12$ 频率脉冲作用下进行减 1 运算，因此其最大计数值为 $2^{16}-1$ 而不是 2^{16}。初值计算公式为：$2^{16}-1-$ 计数值。由于振荡频率为 12 MHz，可设定一次定时时间为 0.05 ms，定时 20 次即为 1 s，因此 RCAP2H 及 RCAP2L 中的设定值为：$2^{16}-1-50000=15535$，即 0X3C 与 0XAF。源程序如下。

```
# include < reg52.h >
sfr T2MOD=0XC9;              //定义 T2MOD 寄存器
sbit P11=P1^1;
int a;
unsigned char s=0XFF;
main()
{
    IE=0XA5;                 //开启外部中断 0、T2、外部中断 1 及中断总控位的中断允许
    IT0=1;                   //设置外部中断 0 的触发方式为边沿触发
    CP_RL2=0;                //设定 T2 工作在计数模式
    TH2=0XFF;
    TL2=0XFF;
    RCAP2H=0X3C;
    RCAP2L=0XAF;             //设置重载初值
    T2MOD=0X01;              //开启双向计数允许位
    P11=0;                   //设定向下计数方向
    while(1);
}
void t0() interrupt 5
{
    TF2=0;
    EXF2=0;
    a++;                     //溢出次数计数
    if(a==20)                //溢出 20 次,定时 1 s
```

```
    {
        s--;
        P2=s;
        a=0;                          //a 清零,准备再次定时 1 s
    }
}
void int0() interrupt 0
{
    TR2=~ TR2;
}
void int1() interrupt 2
{
    P2=0XFF;
    s=0;
    TH2=0XFF;
    TL2=0XFF;
}
```

在上述程序中,使用了"reg52.h"头文件,因此需要对 T2MOD 进行预定义,或者直接使用
"regx52.h"头文件,此时可以直接使用 T2MOD。

通过软件仿真,每过一个机器周期,T2 减 1,且当 T2 的值等于 RCAP2 中的设置值时,自
动恢复为 0XFFFF,且 TF2 及 EXF2 同时置 1,如图 4-21 所示。

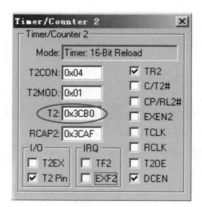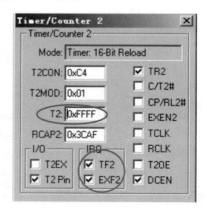

图 4-21　调试结果

3. 可编程时钟输出

【例 4-7】　假设一 AT89S52 单片机采用的晶体振荡器的振荡频率为 12 MHz,利用该单
片机输出占空比为 1∶1、频率为 1 kHz 的时钟信号。

根据可编程时钟输出频率计算公式 $f_{osc}/[4 \times (2^{16} -重载初值)]$,可以计算出重载初值=
$2^{16} - 12000$ kHz/(4×1 kHz)=62536。因此应设置重载初值为 0XF448。源程序代码如下。

```
#include < regx52.h>
#include < stdio.h>
main()
```

```
{
    T2MOD=0X02;                        //开启 T2 输出允许
    TH2=0XF4;
    TL2=0X48;
    RCAP2H=0XF4;
    RCAP2L=0X48;
    TR2=1;
    while(1);
}
```

在进行软件调试时会发现,由于 T2 作为可编程时钟输出时是对状态周期进行计数,因此在 12 MHz 晶振作用下,每过 1 μs,TL2 将加 6 而不是加 1。当计数值发生溢出时,P1.0 口输出信号将反转一次,调试界面如图 4-22 所示。

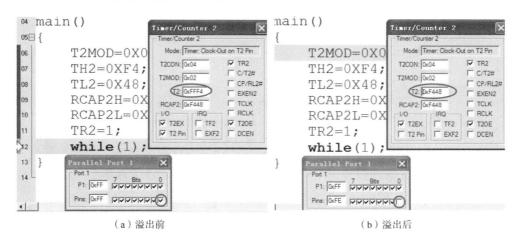

（a）溢出前　　　　　　　　　　　　　　（b）溢出后

图 4-22　软件调试界面

4.5　产品设计

4.5.1　方波信号源及频率计

使用 AT89S52 单片机,采用 12 MHz 晶振,设计一个可发送 100 Hz 方波信号的信号源,该信号源同时具备频率测量功能,并能够通过 P0 口外接共阴极发光二极管显示出所测量的频率值。

分析:根据要求,信号源可利用 T2 的可编程时钟输出功能实现,频率测量器可利用 T0 及 T1 的定时、计数功能实现。

方波信号频率为 100 Hz,可根据可编程时钟输出频率计算公式 $f_{osc}/[4×(2^{16}-$ 重载初值$)]$ 计算得出重载初值为 35536,即 0X8AD0。

频率测量器的实现可令定时/计数器 0 工作在定时模式,并精确定时 1 s;令定时/计数器

1 工作在计数模式,待测信号为 P1.0 口输出的方波,其在 1 s 内的计数值即为测定的信号频率值。

这里需要注意的是,为了使测量结果更精确,需要精确定时 1 s。因此应选择方式 2 作为定时模式的工作方式。

为了增加可控性,可以使用外部中断方式作为测量开始控制。其源程序代码如下。

```c
#include < regx52.h>
#include < stdio.h>
unsigned int a,fre;
unsigned char b,c;
main()
{
    T2MOD=0X02;              //开启 T2 输出允许
    TH2=0X8A;
    TL2=0XD0;
    RCAP2H=0X8A;
    RCAP2L=0XD0;
    TR2=1;
    ET0=1;                   //开启定时/计数器 0 的中断允许
    EX0=1;                   //开启外部中断 0 的中断允许
    EA=1;                    //开启全局中断允许
    IT0=1;                   //外部中断 0 为脉冲触发方式
    TMOD=0X42;               //设定 T0 为工作在方式 2 的定时器,T1 为工作在方式 0 的
                             //  计数器
    TL0=0X38;
    TH0=0X38;                //写入重载初值
    while(1);
}
void int0() interrupt 0
{
    TR0=1;                   //启动定时器计数
    TR1=1;
}
void t0() interrupt 1
{
    a++;
    if(a==5000)              //定时 1 s
    {
        TR0=0;
        TR1=0;               //关闭定时计数
        b=TH1;
        c=TL1;
        P0=b*32+ c;
        TL1=0X00;
        TH1=0X00;            //T1 清零
```

```
                a=0;
            }
        }
```

通过改变 T2 的重载初值,可改变信号源输出频率。频率计也可测量其他输入信号的频率值。

4.5.2 作息时间控制时钟设计

试使用 51 系列单片机的定时/计数器功能设计一个学校使用的作息时间控制时钟,作息时间安排如表 4-10 所示。

表 4-10 作息时间安排

时　　间	内　　容
8:00～8:45	第一节课
8:55～9:40	第二节课
9:45～10:00	课间操(播放广播操)
10:10～10:55	第三节课
11:05～11:50	第四节课
14:30～15:15	第五节课
15:25～16:10	第六节课
16:20～17:05	第七节课

分析:根据上述作息时间安排,可看出主要有 4 种控制操作,即接通电铃、断开电铃、接通广播、断开广播,因此可以设置 4 种输出方式来对应控制操作。例如,假设由 P1.0 口和 P1.1 口分别控制电铃和广播的开关,当输出高电平时代表接通,当输出低电平时代表断开,则 4 种操作控制码依次为"10"、"00"、"01"及"00"。

由于 51 单片机定时/计数器的定时时间都较短,最多只能定时几毫秒,而本设计要求定时时间较长,且若要实现自动控制,至少需要定时 12 h,这就要求使用软硬件结合的方式延长定时时间。为了尽可能实现精确定时,可以令 51 单片机的定时/计数器 0 工作在方式 2,定时/计数器 1 工作在方式 0;同时令定时/计数器 0 工作在定时模式,定时/计数器 1 工作在计数模式;定时/计数器 0 实现秒定时,且对秒进行计数,每过 60 s 产生一个脉冲信号,作为定时/计数器 1 的计数脉冲,即进行分计数;根据当前的计数分钟值判断当前时间并进行相应的控制操作。电路设计如图 4-23 所示。

程序设计可按以下步骤进行。

(1)向 TH1 及 TL1 中写初值 FFH,并向 P3.5 口发送一个脉冲,触发第一次 T1 中断,令电铃接通,作为 8:00 上课铃。

(2)在 T0 中断服务程序中实现秒定时:每 60 s 给 T1 输出一个计数脉冲;若发生响铃,则在 15 s 后停止响铃。

(3)在 T1 中断服务程序中对中断次数计数,发生第 1 次、第 3 次、第 7 次、第 9 次、第 11 次、第 13 次、第 15 次中断(代表上课时间 8:00、8:55、10:10、11:05、14:30、15:25、16:20)时,

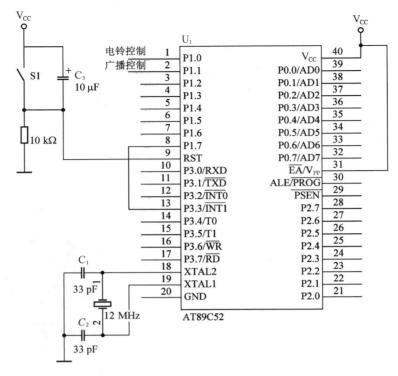

图 4-23　作息时间控制时钟电路图

接通电铃,同时向 TH1 及 TL1 中分别装载初值 FEH 及 13H,定时 45 min。

（4）在 T1 发生第 2 次、第 8 次、第 12 次、第 14 次中断(代表下课时间 8:45、10:55、15:15、16:10)时,接通电铃,同时向 TH1 及 TL1 中分别装载初值 FFH 及 16H,定时 10 min。

（5）在 T1 发生第 4 次中断(代表下课时间 9:40)时,接通电铃,同时向 TH1 及 TL1 中分别装载初值 FFH 及 1BH,定时 5 min。

（6）在 T1 发生第 5 次中断(代表课间操时间 9:45)时,接通广播,同时向 TH1 及 TL1 中分别装载初值 FFH 及 11H,定时 15 min。

（7）在 T1 发生第 6 次中断(代表课间操结束时间 10:00)时,断开广播,同时向 TH1 及 TL1 中分别装载初值 FFH 及 16H,定时 10 min。

（8）在 T1 发生第 10 次中断(代表第四节课下课时间 11:50)时,接通电铃,同时向 TH1 及 TL1 中分别装载初值 FBH 及 00H,定时 2 小时 40 分钟。

（9）在 T1 发生第 16 次中断(代表第七节课下课时间 17:05)时,接通电铃,同时向 TH1 及 TL1 中分别装载初值 E4H 及 01H,定时 14 小时 55 分钟直至次日 8:00,同时令 T1 中断计数值清零。

源程序代码可设计如下。

```
#include < reg51.h>
#include < stdio.h>
unsigned int a,b;
unsigned char s;
```

```
sbit P10=P1^0;
sbit P11=P1^1;
sbit P17=P1^7;
/* 主程序* /
main()
{
    P1=0X00;
    ET0=1;                    //开启定时/计数器 0 的中断允许
    ET1=1;                    //开启定时/计数器 1 的中断允许
    EA=1;                     //开启全局中断允许
    IT0=1;                    //外部中断 0 为脉冲触发方式
    TMOD=0X42;               //设定 T0 工作在定时模式,工作方式为方式 2;T1 工作在计
                              数模式
                             //工作方式为方式 0
    TL0=0X38;
    TH0=0X38;                //写入重载初值
    TL1=0XFF;
    TH1=0XFF;                //写入初值
    TR0=1;
    TR1=1;
    P17=1;                   //产生一个计数脉冲,令 T1 溢出一次
    P17=0;
    while(1);
}
/* 定时/计数器 0 中断服务程序* /
void t0() interrupt 1 using 0
{
    P17=0;
    a++;
    if(a==5000)              //定时 1s
    {
        s++;                 //秒计数
        if(s==60)
        {
            s=0;
            P17=1;           //产生一个计数脉冲
        }
        if(P10==1)           //响铃 15 s 后断开
            if(s==15)    P10=0;
        a=0;
    }
}
/* 定时/计数器 1 中断服务程序* /
void t1() interrupt 3 using 0
{
```

```
b++;
if(b==1|b==3|b==7|b==9|b==11|b==13|b==15)    //判断时间是否为上课时间
                                             //8:00、8:55、10:10、11:05、14:30、15:25、16:20
{
    TL1=0X13;
    TH1=0XFE;                    //写入初值,定时 45 min
    P10=1;                       //开始响铃
}
if(b==2|b==8|b==12|b==14)  //判断时间是否为下课时间 8:45、10:55、15:15、16:10
{
    TL1=0X16;
    TH1=0XFF;                    //写入初值,定时 10 min
    P10=1;                       //开始响铃
}
if(b==4)                         //判断时间是否为下课时间 9:40
{
    TL1=0X1B;
    TH1=0XFF;                    //写入初值,定时 5 min
    P10=1;                       //开始响铃
}
if(b==5)                         //判断时间是否为课间操时间 9:45
{
    TL1=0X11;
    TH1=0XFF;                    //写入初值,定时 15 min
    P11=1;                       //开始广播
}
if(b==6)                         //判断时间是否为课间操结束时间 10:00
{
    TL1=0X16;
    TH1=0XFF;                    //写入初值,定时 10 min
    P11=0;                       //结束广播
}
if(b==10)                        //判断时间是否为第四节课下课时间 11:50
{
    TL1=0X00;
    TH1=0XFB;                    //写入初值,定时 2 小时 40 分钟
    P10=1;                       //开始响铃
}
if(b==16)                        //判断时间是否为最后一节课下课时间 17:05
{
    TL1=0X01;
    TH1=0XE4;                    //写入初值,定时 14 小时 55 分钟直至次日 8:00
    P10=1;                       //开始响铃
    b=0;
}
```

```
    }
```

本设计实现的作息时间控制时钟并不完善。例如,第一次启动必须是 8:00,无时间调整功能,一旦运行出错,就只能通过复位回到时间 8:30,无法从当前时间值开始重新运行。读者可在本设计基础上考虑如何增加时间调整功能,以完善功能。

4.5.3 交通控制灯设计

交通控制灯常用单片机来设计,一个完整的交通控制灯系统一般包括信号驱动、时间显示、红绿灯时间间隔调整、手动控制、车流量检测等功能。试根据所学知识,使用 AT89C51 单片机的定时、外部中断功能设计一个双干线路口简易交通控制灯,能够满足绿灯放行、红灯停止、黄灯警告 4 s,以及放行、停止时间可控功能。

分析:由于单片机的定时功能可以很好地实现信号灯定时,因此在本设计中主要需要考虑的是停止、放行时间控制如何实现。这里可以考虑使用外部中断 0 和外部中断 1 分别实现停止、放行时间值的输入,定时/计数器根据停止、放行时间进行红绿灯的控制。硬件电路如图 4-24 所示。

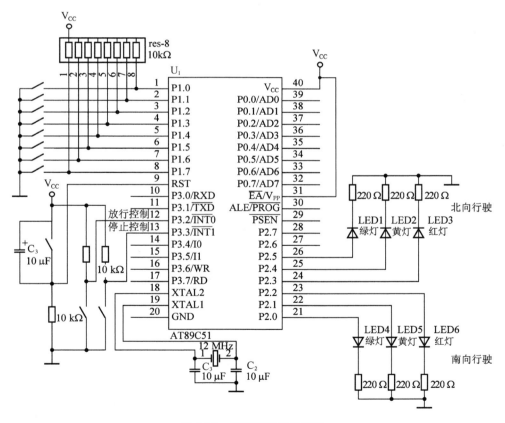

图 4-24 交通控制灯电路图

由 P2.0～P2.5 口控制南北双向红绿灯信号,P1 口输入放行/停止时间值,由 P3.2 口及 P3.3 口选择放行/停止时间调整操作。

根据交通控制灯的工作特性:放行时间结束时,黄灯亮 4 s 后再禁止通行,因此双向交通控制灯工作状态共有 4 种。例如,若南北向红绿灯维持时间均为 30 s,则红绿灯工作状态如表4-11 所示。

表 4-11　红绿灯工作状态

信号灯	0～30 s		30～34 s		34～64 s		64～68 s		68 s	
	南向	北向	南向	北向	南向	北向	南向	北向	南向	北向
绿灯	亮	灭	灭	灭	灭	亮	灭	灭	亮	灭
黄灯	灭	灭	亮	灭	灭	灭	灭	亮	灭	灭
红灯	灭	亮	灭	亮	亮	灭	亮	灭	灭	亮

在进行程序设计时,需要考虑 4 种状态的辨识方式,以保证红绿灯驱动信号的正确输出。另外需要注意的是,由于双向信号灯的红绿灯控制保持时间相反,即南向放行时间与北向停止时间一致,而南向停止时间与北向放行时间一致,因此在进行时间控制时只能以一个方向为准。

根据以上分析,假设交通控制灯放行/停止时间初值为 30 s,P3.2 口及 P3.3 口控制南向行驶,则源程序代码可设计如下。

```c
#include < reg51.h>
#include < stdio.h>
unsigned char run,stop,s,scode[4];
unsigned int a;

/* 主程序* /
main()
{
    P2=0X00;
    run=0x1E;
    stop=0x1E;
    ET0=1;              //开启定时/计数器 0 的中断允许
    EX0=1;              //开启外部中断 0 的中断允许
    EX1=1;              //开启外部中断 1 的中断允许
    EA=1;               //开启全局中断允许
    TMOD=0X02;          //设定 T0 工作在定时模式,工作方式为方式 2
    TL0=0X38;
    TH0=0X38;           //写入重载初值
    TR0=1;              //开始计时
    while(1)
    {
        scode[0]=run;
        scode[1]=run+ 4;
        scode[2]=run+ stop+ 4;
        scode[3]=run+ stop+ 8;
    }
```

```
}

/* 定时/计数器 0 中断服务程序 */
void t0() interrupt 1 using 0
{
    a++;
    if(a==5000)                    //定时 1s
    {
        s++;                       //秒计数
        a=0;
    }
    if(s==0)
        P2=0x09;                   //红绿灯第一个状态
    if(s==scode[0])
        P2=0x0b;                   //红绿灯第二个状态
    if(s==scode[1])
        P2=0x24;                   //红绿灯第三个状态
    if(s==scode[2])
        P2=0x14;                   //红绿灯第四个状态
    if(s==scode[3])
        s=0;                       //红绿灯回到第一个状态
}

/* 外部中断服务程序 */
void in0() interrupt 0 using 0
{
    run=P1;                        //设置放行时间
    s=0;                           //将原来的计时值清零
}
void in1() interrupt 2 using 0
{
    stop=P1;                       //设置停止时间
    s=0;                           //将原来的计时值清零
}
```

在进行时间设置时,为了避免前后时间混淆,需要将原来的计时值清零,这样可以保证设置完成后,交通控制灯能够立刻依据新时间从第一状态开始运行。

本设计只能实现双向简易交通灯控制,读者可在此基础上加以改进,增加时间显示功能,或者实现十字路口的四向交通灯控制。

习　　题

1. 51 系列单片机内部有几个定时/计数器？它们有几种工作方式？各自的特点是什么？

2. 8051 单片机定时/计数器做定时和计数使用时,其计数脉冲分别由谁提供？

3. 定时/计数器 0 的几种工作方式各自的计数范围是多少？计数初值如何计算？

4. 51 系列单片机定时/计数器的计数启动方式有几种？启动特点是什么？应怎样设置？

5. 为什么定时/计数器 0 有 4 种工作方式而定时/计数器 1 只有 3 种工作方式？当定时/计数器 0 工作在方式 3 时,定时/计数器 1 工作在什么状态？

6. 写出下列语句的含义。

```
TCON=0X60;
TCON=0X51;
TMOD=0X85;
TMOD=0X17;
```

7. 使用一个定时器,如何通过软硬件结合方法来实现较长时间的定时？

8. 假设 51 单片机的振荡频率为 12 MHz,要求定时/计数器 0 定时为 100 μs,则可以选择几种工作方式？其初值应设置为多少？

9. 假设 51 单片机的振荡频率为 12 MHz,要求定时/计数器 1 工作在方式 2,并令 P1.0 口输出周期为 200 μs 的方波,分别写出软件启动和硬件启动的 C 语言设计程序。

10. 将第 9 题改为令 P1.0 口输出周期为 2 s 的方波,重新写出 C 语言设计程序。

11. 假设 52 子系统单片机的振荡频率为 12 MHz,要求定时/计数器 2 工作在 16 位自动重载方式,并令 P1.1 口输出周期为 1 s 的方波,写出 C 语言设计程序。

12. 试使用 52 子系统单片机定时/计数器 2 的 16 位捕捉工作方式设计一个可复位的秒表计时器,要求按下计时按键时,开始计时;按下停止按键时,停止计时,并通过 P0 口输出计时结果;通过复位键清零。画出硬件电路图并写出设计程序。

第5章　51系列单片机的串行通信系统

学习目标

- 掌握串行通信的相关概念；
- 了解串行通信的接口标准；
- 掌握51系列单片机串行通信接口的结构与工作方式；
- 熟练掌握单片机4种串行通信方式的应用。

教学要求

知识要点	能力要求	相关知识
串行通信概述	● 掌握串行通信方式的分类； ● 掌握数据的传输模式	● 同步通信、异步通信、单工、全双工、半双工
串行通信接口标准	● 了解RS-232C串行通信接口的标准； ● 掌握串口通信连接方式	
串行通信接口的结构及工作方式	● 掌握串口的结构组成； ● 掌握串口的工作方式	● 串口缓冲寄存器SBUF、串口控制寄存器SCON
串口应用编程实例	● 熟练掌握单片机4种串行通信方式的应用	● 方式0、方式1、方式2、方式3

单片机的串行通信

自古以来，人们就通过各种手段及方式进行信息的传递，例如，以视觉、声音传递为主的烽火台、击鼓、旗语，以实物传递为主的驿站快马接力、信鸽、邮政通信，等等。到了今天，随着现代科学水平的飞速发展，通信技术与通信方式出现了质的飞跃，已经成为人们生活、工作中必不可少的一部分。串行通信是指使用一条数据线，将数据一位一位地依次传输，且每一位数据占据一个固定的时间长度。它是众多信息传输的方式之一，也是工业自动化、智能终端、通信管理等领域传统且重要的通信手段。由于其使用线路少、成本低，因此特别适用于单片机与单片机、单片机与外围设备之间的远距离通信。

对于单片机而言，为了进一步扩展现有的控制功能，常常需利用通信功能将单片机与个人计算机相连构成主从机结构，以扩展控制界面及人机交互功能，或者将多台单片机相连，协作完成复杂的控制任务。随着微电子技术的迅速发展，控制对象的日益复杂及对控制性能要求的不断提高，现代单片机大都能提供一定的硬件和软件资源以实现串行通信功能。

计算机通信是指将计算机技术和通信技术相结合，完成计算机与外部设备或计算机与计算机之间的信息交换。51系列单片机与外界的通信采用串行通信传输，其通信方式有4种，主要分为同步移位寄存器及异步传输方式。51系列单片机的串行通信接口为TXD和RXD，分别对应P3.1引脚与P3.0引脚。

5.1 串行通信概述

计算机与外界设备的通信方式主要分为两类：并行通信与串行通信，其通信模型如图 5-1 所示。并行通信通常是将数据字节的各位用多条数据线同时进行传送，而串行通信是将数据字节分成一位一位的形式在一条传输线上逐个传送。两者比较而言，并行通信控制简单、传输速度快，但由于传输线较多，进行长距离传送时成本高且接收方接收困难；串行通信传输线少，长距离传送时成本低，且可以利用电话网等现成的设备，但数据的传送控制比并行通信复杂。一般而言，在集成芯片内部、同一插件板上的各部件之间、同一机箱内部各插件板之间的数据传送都是并行的。并行通信传送距离通常小于 30 m。计算机与远程终端或终端与终端之间的数据传送通常是串行的，传送距离可以从几米到几千千米。

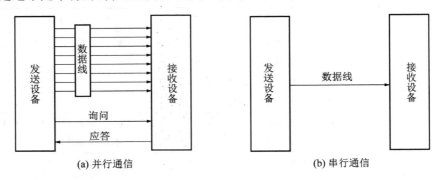

图 5-1　计算机通信方式

5.1.1　串行通信的分类

串行通信有多种分类方式，本书主要介绍两种：以数据的同步方式分类及以数据的传输模式分类。

1. 按数据的同步方式分类

按照数据的同步方式，串行通信可分为同步通信和异步通信两大类。

同步通信要求发收双方具有同频同相的同步时钟信号，通过软件识别同步字符，使发收双方建立同步，在同步时钟的控制下逐位发送/接收。相对于同步通信，异步通信在发送字符时，发送的字符之间的时隙可以是任意的。但是接收端必须时刻做好接收的准备。因为发送端可以在任意时刻发送字符，因此发送的每一个字符必须在开始和结束的地方加上标志位，以便接收端能够正确地接收每一个字符。

两者相比较而言，同步通信的特点是数据传输速率较高，但是要求发送时钟和接收时钟严格同步，发送端通常把时钟脉冲同时传送到接收端；异步通信的特点是通信设备简单、便宜，但传输效率较低。

2. 按数据的传输模式分类

按照数据传输的方向性，串行通信可以分为单工通信、全双工通信、半双工通信。

（1）单工通信。单工通信是指消息只能单方向传输的工作方式。例如，广播、遥控、遥测等，都是单工通信方式。单工通信的信息流是单方向的，发送端和接收端固定，发送端只能发送信息，不能接收信息；接收端只能接收信息，不能发送信息，属于点到点的通信，只有一条数据线，其传输模式如图 5-2(a)所示。

（2）全双工通信。全双工通信的信息流是双向的，可以同时发送和接收数据，具有两条数据线。例如，电话、网络等都是全双工通信。其传输模式如图 5-2(b)所示。

（3）半双工通信。半双工通信的信息流是双向的，但不能同时发送和接收数据，当一端接收数据时，另一端只能发送数据；反之，一端发送数据时，另一端只能接收数据。只有一条数据线。例如，无线对讲机。其传输模式如图 5-2(c)所示。

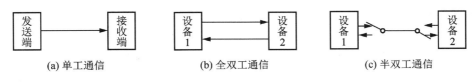

(a) 单工通信　　　　(b) 全双工通信　　　　(c) 半双工通信

图 5-2　串行数据传输模式

5.1.2　串行通信的数据传输格式

数据在进行串行传输时，需要遵循特定的传输格式，以便通信双方能够分辨出每一个字符。

1. 同步传输数据格式

同步传输是以同步的时钟节拍来发送数据信号的，因此在一个串行数据流中，各信号码元之间的相对位置都是固定的。

在同步传输的模式下，数据的传送是以一个数据区块为单位的，因此同步传输又称为区块传输。在传送数据时，需先送出两个同步字符，然后再送出整批的数据。其格式如图 5-3 所示。

同步字符1	同步字符2	数据块	校验字符	结束字符

图 5-3　同步传输数据格式

同步传输的速度通常要比异步传输的速度快得多。接收方不必对每个字符进行开始和停止的操作。一旦检测到同步字符，接收方就会在接下来的数据到达时接收。

2. 异步传输数据格式

异步传输一般以字符为单位，无论所采用的字符代码长度为多少位，在发送每一个字符代码时，前面都要加上一个起始标志，其长度规定为 1 个码元，通常情况下为逻辑 0；而字符代码后面必须加上一个停止标志，其长度为 1 个或者 2 个码元，通常情况下为逻辑 1。除了起始位和停止位外，数据代码之后、停止位之前还可以带一个奇偶校验位，以降低传输误码率。其格式如图 5-4 所示。

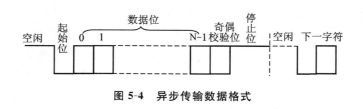

图 5-4 异步传输数据格式

5.1.3 波特率

在串行通信中,数据按位传送,因此传输速率用每秒传送数据位的数目来表示,即波特率(Baud Rate),其单位为 b/s(位/秒)。

在异步通信中,发送一位数据所需的时间称为位周期,用 T 表示,和波特率互为倒数。例如,波特率为 600 b/s 的数据通信,其位周期为 1/600 s,约为 0.0016667 s。

国际上规定了一个标准波特率系列,常见波特率为 110 b/s、300 b/s、600 b/s、1200 b/s、1800 b/s、2400 b/s、4800 b/s、9600 b/s、14.4 kb/s、19.2 kb/s、28.8 kb/s、33.6 kb/s、56 kb/s 等。

5.2 串行通信接口标准

1969 年,美国电子工业协会(Electronic Industry Association,EIA)公布了 RS-232C 作为串行通信接口的电气标准,该标准定义了数据终端设备(Data Terminal Equipment)和数据通信设备(Data Communication Equipment)间按位串行传输的接口信息,合理安排了接口的电气信号和机械要求,在世界范围内得到了广泛应用。但它采用的是单端驱动非差分接收电路,因而存在着传输距离不远(最大传输距离为 15 m)和传送速率不快(最大位速率为 20 kb/s)的问题。远距离串行通信必须使用调制解调器,从而增加了成本。在分布式控制系统和工业局部网络中,传输距离常介于近距离(<20 m)和远距离(>2 km)之间,这时不能采用 RS-232C(25 脚连接器),用调制解调器又不经济,因而需要制定新的串行通信接口标准。

1977 年,EIA 制定了 RS-449。它除了保留与 RS-232C 兼容的特点外,还在提高传输速率、增加传输距离及改进电气特性等方面做了很大努力,并增加了 10 个控制信号。与 RS-449 同时推出的还有 RS-422 和 RS-423,它们是 RS-449 的标准子集。另外,还有 RS-485,它是 RS-422 的变形。RS-422、RS-423 是全双工的,而 RS-485 是半双工的。

RS-422 标准规定采用平衡驱动差分接收电路,提高了数据传输速率(最大位速率为 10 Mb/s),增加了传输距离(最大传输距离为 1200 m)。

RS-423 标准规定采用单端驱动差分接收电路,其电气性能与 RS-232C 几乎相同,并设计成可连接 RS-232C 和 RS-422。它一端可与 RS-422 连接,另一端则可与 RS-232C 连接,提供了一种从旧技术过渡到新技术的手段,同时又提高了位速率(最大位速率为 300 kb/s)和传输距离(最大传输距离为 600 m)。

RS-485 采用平衡发送和差分接收,因此具有抑制共模干扰的能力。加上总线收发器具有高灵敏度,能检测低至 200 mV 的电压,故传输信号能在千米以外得到回复。RS-485 采用半双工工作方式,任何时候只有一点处于发送状态,因此,发送电路须由使能信号加以控制。RS-485 用于多点互连时非常方便,可以省掉许多信号线。应用 RS-485 可以连网构成分布式系统,其最多允许并联 32 台驱动器和 32 台接收器。

由于后续的串口通信接口标准基本上都是在 RS-232C 的基础上经过改进而形成的,因此这里主要介绍 RS-232C 标准。

5.2.1 RS-232C 标准

1. 电气特性

RS-232C 标准对电气特性、逻辑电平和各种信号线功能都做了规定。在 TXD 和 RXD 上:逻辑 1(MARK)为 -15 V~-3 V,逻辑 0(SPACE)为 $+3$ V~$+15$ V。在 RTS、CTS、DSR、DTR 和 DCD 等控制线上:信号有效(接通,ON 状态,正电压)为 $+3$ V~$+15$ V,信号无效(断开,OFF 状态,负电压)为 -15 V~-3 V。

以上规定说明了 RS-232C 标准对逻辑电平的定义。对于数据(信息码):逻辑 1 的电平低于 -3 V,逻辑 0 的电平高于 $+3$V。对于控制信号:接通状态(ON)即信号有效的电平高于 $+3$ V,断开状态(OFF)即信号无效的电平低于 -3 V,也就是当传输电平的绝对值大于 3 V 时,电路可以有效地检查出来,-3 V~$+3$ V 之间的电压无意义,低于 -15 V 或高于 $+15$ V 的电压也认为无意义。因此,在实际工作时,应保证电平在 $\pm(3\sim15)$V 之间。

2. RS-232C 与 TTL 电平的转换

由于数据通常采用二进制表示,在二进制中,规定 $+5$ V 等价于逻辑 1,0 V 等价于逻辑 0,这称为晶体管-晶体管逻辑(Transistor-Transistor Logic,TTL)信号系统,是计算机处理器控制的设备内部各部分之间通信的标准技术。该系统规定,输出高电平 >2.4 V,输出低电平 <0.4 V;输入高电平 $\geqslant 2.0$ V,输入低电平 $\leqslant 0.8$ V。RS-232C 标准是用正负电压来表示逻辑状态的,与 TTL 以高低电平来表示逻辑状态不同。因此,为了能够同计算机接口或终端的 TTL 器件连接,必须在 RS-232C 标准与 TTL 电路之间进行电平和逻辑关系的变换。

实现这种变换的方法可用分立元件,也可用集成电路芯片。目前较为广泛地使用集成电路转换器件,如 MC1488、SN75150 芯片可完成 TTL 电平到 EIA 电平的转换,而 MC1489、SN75154 可实现 EIA 电平到 TTL 电平的转换。MAX232 芯片可完成 TTL 与 EIA 双向电平的转换,如图 5-5 所示。

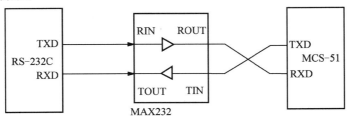

图 5-5 RS-232C 标准与 TTL 电平的转换

3. 连接器的机械特性

由于 RS-232C 标准并未定义连接器的物理特性,因此,出现了各种类型的连接器,目前较为常用的有 DB25 和 DB9。连接器一般分为公头(Male)和母头(Female),中间为插针的是公头,中间为插孔的是母头,其引脚分配如图 5-6 所示,具体引脚的含义如表 5-1 所示。

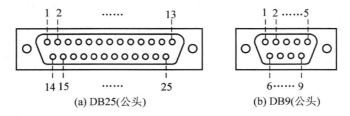

(a) DB25(公头)   (b) DB9(公头)

图 5-6 连接器引脚分配

表 5-1 常用引脚说明

引 脚 号		功 能 说 明	缩 写
DB9	DB25		
1	8	数据载波检测	DCD
2	3	接收数据	RXD
3	2	发送数据	TXD
4	20	数据终端准备	DTR
5	7	信号地	GND
6	6	数据准备好	DSR
7	4	请求发送	RTS
8	5	清除发送	CTS
9	22	振铃指示	DELL

5.2.2 串口通信连接方式

串口通信常见的连接方式为三线连接,即发送端、接收端、接地端 3 脚相连。不同接口的接线方式如表 5-2 所示。

表 5-2 DB9 和 DB25 的接线方式

DB9-DB9		DB25-DB25		DB9-DB25	
2	3	2	3	2	2
3	2	3	2	3	3
5	5	7	7	5	7

例如,若要实现计算机与单片机之间的串口通信,则电路连接如图 5-7 所示。需要注意的是,由于单片机为 TTL 设备,其输入/输出信号属于 TTL 电平,计算机为 RS-232C 设备,其串

口输入/输出信号属于 RS-232C 电平,当两者进行通信时,需要加上电平转换电路。这里使用 MAX232 芯片实现了计算机串口 RS-232C 电平和单片机 TTL 电平的相互转换,从而实现计算机与单片机之间的相互通信。

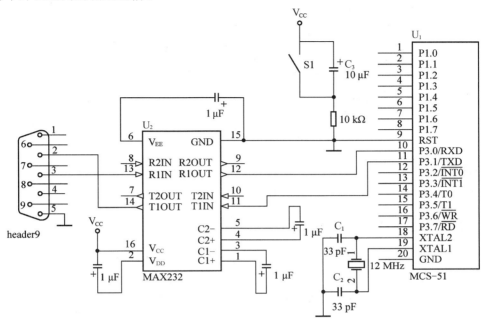

图 5-7　计算机与单片机之间的串行通信连接

5.3　51 系列单片机的串口结构与工作方式

51 系列单片机的串口为全双工异步串口,既可以进行串行通信,也可以用于系统扩展。

5.3.1　51 系列单片机的串口结构

51 系列单片机的串口主要由缓冲器 SBUF、波特率发生器、发送控制器、发送控制门、接收控制器及移位寄存器等构成。其逻辑结构如图 5-8 所示。

51 系列单片机的波特率发生器能够提供 5 种波特率,分别为 $f_{osc}/12$、$f_{osc}/32$、$f_{osc}/64$、T1 溢出率/16 及 T1 溢出率/32。通过串口控制寄存器 SCON 中的 SM0、SM1 位及电源控制器 PCON 中的波特率倍增位 SMOD 位进行选择。发送控制器及接收控制器通过波特率控制发送及接收的速度,当发送或接收完数据位后,置位标志位 TI 或 RI 向 CPU 发出中断请求。发送缓冲器 SBUF 和接收缓冲器 SBUF 占用同一地址 99H,不可进行位寻址,但在物理上,它们是独立的。发送缓冲器 SBUF 只能写入,不能读出;接收缓冲器 SBUF 只能读出,不能写入。接收端包含接收缓冲器 SBUF 和移位寄存器两个缓冲器,属于双缓冲结构,以避免在数据接收过程中出现帧重叠错误;而发送端仅包含发送缓冲器 SBUF,属于单缓冲器。这是因为发送时 CPU 是主动的,不会产生重叠错误。

发送数据时,只需要执行一条向 SBUF 写数据的指令,把数据写入串口发送数据寄存器,

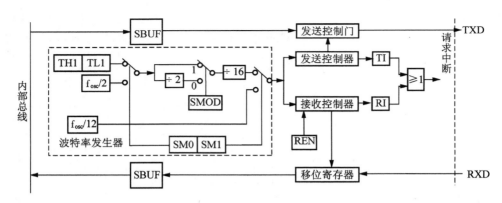

图 5-8　串口逻辑结构

就会自动启动发送过程。接收数据时,接收控制器受串口控制寄存器 SCON 中的接收允许位 REN 控制。当 REN 置 1 时,启动接收过程,对接收数据线 RXD 进行采样。

5.3.2　串口控制寄存器 SCON

串口控制寄存器 SCON 用于对串行通信的控制,其各位符号及各位地址如表 5-3 所示,可以进行位寻址。

表 5-3　串口控制寄存器 SCON 位符号及位地址

SCON	SM0	SM1	SM2	REN	TB8	RB8	TI	RI
位地址	9FH	9EH	9DH	9CH	9BH	9AH	99H	98H

SCON 的各位定义如下。

1) SM0、SM1

SM0、SM1 为串口工作方式选择位。串口共有 4 种工作方式,除了方式 0 外,其他 3 种工作方式都是异步双工通信方式。具体说明如表 5-4 所示。

表 5-4　SM0、SM1 位状态及其工作方式

SM0	SM1	工 作 方 式	说　　　明	波　特　率
0	0	方式 0	8 位同步移位寄存器	$f_{osc}/12$
0	1	方式 1	10 位异步收发器(8 位数据)	$2^{SMOD} * T1$ 溢出率$/32$
1	0	方式 2	11 位异步收发器(9 位数据)	$2^{SMOD} * f_{osc}/64$
1	1	方式 3	11 位异步收发器(9 位数据)	$2^{SMOD} * T1$ 溢出率$/32$

2) SM2

SM2 为多机通信允许控制位,只有当串口工作在方式 2 或方式 3 时才有效。当串口工作在方式 2 或方式 3 时,只有在 SM2＝1 且接收到的第 9 位数据(RB8)为 1 时,才将接收到的前 8 个数据位送入 SBUF 中,同时将 RI 置 1,发送中断请求,否则丢弃前 8 位数据。当 SM2＝0 时,不论接收到的 RB8 是否为 1,都将接收的前 8 个数据送入 SBUF 中,并置位 RI 产生中断请求。在方式 1 中,若 SM2＝1,则只有接收到有效停止位时,RI 才置位;若 SM2＝0,则 RB8 是接收的停止位。在方式 0 中,SM2 必须置 0。

3）REN

REN 是接收允许位。当 REN＝0 时,禁止接收数据,此时 RI 不可能被硬件置 1;只有当 REN＝1 时,才允许串口接收数据。

4）TB8

TB8 为发送数据的第 9 位。由于方式 0 和方式 1 都只有 8 位数据,因此,当串口工作在方式 0 和方式 1 时,TB8 无效;串口工作在方式 2 和方式 3 时,TB8 是要发送的第 9 位数据,并且由用户通过软件自行设置。

5）RB8

RB8 为接收数据的第 9 位。和 TB8 一样,当串口工作在方式 0 时,RB8 无效;工作在方式 1 时,RB8 是接收到的停止位;工作在方式 2 和方式 3 时,RB8 才是接收到数据的第 9 位。

6）TI

TI 为串口发送中断标志位。当串口发送完数据位后,该位由硬件置位,表示发送完毕,同时请求串口中断。对于方式 0,TI 在发送完第 8 位数据后置位,在其他工作方式下,TI 在发送停止位之前置位。TI 置位后,无法由硬件自动清零,只能由软件清零。

7）RI

RI 为串口接收中断标志位。当串口接收完数据位后,该位由硬件置位,表示接收完毕,同时请求串口中断。对于方式 0,RI 在接收完第 8 位数据后置位,在其他工作方式下,RI 在接收停止位之前置位。和 TI 一样,RI 置位后,无法由硬件自动清零,只能由软件清零。

5.3.3　串口工作方式

51 系列单片机共有 4 种串行工作方式,分别为方式 0、方式 1、方式 2 和方式 3,由串口方式选择位 SM0、SM1 决定。

1. 方式 0

串口的工作方式 0 为同步移位寄存器的输入/输出方式,主要用于扩展并行输入或输出口。数据由 RXD(P3.0)引脚输入或输出,同步移位脉冲由 TXD(P3.1)引脚输出。发送和接收的均为 8 位数据,波特率固定为 $f_{osc}/12$。例如,若 $f_{osc}/12＝12$ MHz,则波特率为 1Mb/s,即每隔 $1\mu s$ 移位一次。

1）发送过程

执行一条写入 SBUF 指令,即启动发送过程。此时待发送字符以低位在前、高位在后的顺序依次通过 RXD(P3.0)引脚移出,TXD(P3.1)引脚同时发送同步移位脉冲。当第 8 位数据发送完毕,TI 标志位置位。发送时序如图 5-9 所示。

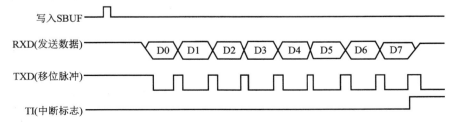

图 5-9　方式 0 的发送时序图

2）接收过程

将 REN 设置为 1，即启动接收过程。RXD(P3.0)引脚将接收到的数据以先接低位、后接高位的顺序保存到接收数据缓冲器 SBUF 中；TXD(P3.1)引脚仍然充当同步移位脉冲发送端。当接收完第 8 位数据后，RI 标志位置位。接收时序如图 5-10 所示。

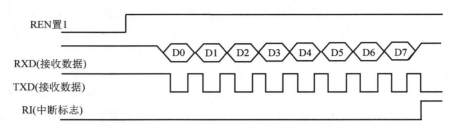

图 5-10　方式 0 的接收时序图

2. 方式 1

串口工作方式 1 为 10 位异步收发器。在方式 1 下，一帧信息为 10 位，包括 1 位起始位（0）、8 位数据位和 1 位停止位（1）。TXD 为发送端，RXD 为接收端。波特率主要取决于 T1 溢出率及 SMOD 的值，即波特率＝$2^{SMOD}×$（T1 溢出率）/32。因此在方式 1 时，必须对定时/计数器 1 进行初始化。

例如，假设 51 系列单片机的振荡频率为 12 MHz，SMOD＝1，要求产生 62.5 kb/s 波特率，则可根据波特率计算公式得出：T1 溢出率＝$62.5×16×10^{-3}$ MHz＝1 MHz，若 T1 工作在方式 2，则应将其重载值设置为 FFH。

常用波特率与定时/计数器 1 的参数关系如表 5-5 所示。

表 5-5　常用波特率与定时/计数器 1 的参数关系

常用波特率(b/s)	系统时钟频率/MHz	SMOD	定时/计数器 1		
			C/$\overline{T}$	工作方式	重载值
62.5k	12	1	0	方式 2	FFH
19.2k	11.059	1	0	方式 2	FDH
9.6k	11.059	0	0	方式 2	FDH
4.8k	11.059	0	0	方式 2	FAH
2.4k	11.059	0	0	方式 2	F4H
1.2k	11.059	0	0	方式 2	F8H
137.5	11.059	0	0	方式 2	1DH
110	6	0	0	方式 2	72H
110	12	0	0	方式 1	FFFBH

1）发送过程

与方式 0 一样，串口工作在方式 1 时，通过执行写入 SBUF 指令启动发送操作，在发送时钟作用下，先通过 TXD 引脚发送一个低电平的起始位，再以低位在前、高位在后的顺序发送数据位，最后发送高电平停止位，在发送停止位的同时置位 TI。其时序如图 5-11 所示。

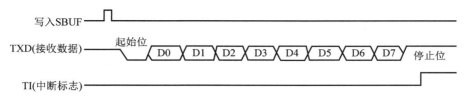

图 5-11　方式 1 的发送时序图

2）接收过程

将 REN 设置为 1 时，CPU 启动接收过程。接收器以所选择波特率的 16 倍速率采样 RXD 引脚电平，若检测到 RXD 引脚输入电平发生负跳变，则启动接收控制器开始接收数据，在接收移位脉冲控制下将接收到的数据移入移位寄存器。接收过程中，数据从输入移位寄存器右边移入，起始位移至输入移位寄存器最左边时，控制电路进行最后一次移位。当 RI＝0，且 SM2＝0 或接收到为 1 的停止位时，将接收到的 8 位数据装入接收数据缓冲器 SBUF 中，停止位装入 RB8，并置位 RI，向 CPU 请求中断；当 RI＝0，SM2＝1 时，只有在检测到停止位为 1 时才进行上述操作，否则接收到的数据不能装入 SBUF 中，即意味着数据丢失；若 RI＝1，则接收的数据在任何情况下都会丢失，不装入 SBUF 中。其接收时序如图 5-12 所示。

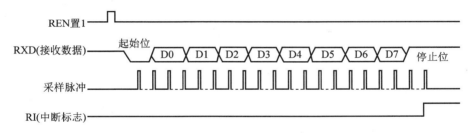

图 5-12　方式 1 的接收时序图

需要注意的是，在方式 1 中，如果 TI 置位后软件不清零，并不影响后续数据的发送，但 RI 置位后不清零会导致后续接收到的数据丢失，因此在这种工作方式下，RI 一旦置位，必须软件清零。

3. 方式 2 和方式 3

串口的方式 2 或方式 3 为 11 位数据的异步通信口。TXD 为数据发送引脚，RXD 为数据接收引脚。方式 2 和方式 3 的一帧信息为 11 位，包括 1 位起始位（0）、9 位数据位（含 1 位附加位，发送时为 SCON 中的 TB8，接收时保存到 RB8 和 1 位停止位（1）。在进行双机通信时，通常情况下，附加位都作奇偶校验位使用。方式 2 的波特率固定为振荡频率的 1/64 或 1/32，方式 3 和方式 1 一样，波特率由定时器 T1 的溢出率决定。

1）发送过程

由于方式 2、方式 3 发送的数据有 9 位，其中第 9 位是 TB8 中的数据，因此，在发送前，应该先把需要发送的第 9 位数据送入 TB8 中，再通过向 SBUF 中写数据以启动发送过程。发送开始时，先把起始位 0 输出到 TXD 引脚，然后发送移位寄存器的输出位（D0）到 TXD 引脚。每一个移位脉冲都使输出移位寄存器的各位右移一位，并由 TXD 引脚输出。

第一次移位时，停止位"1"移入输出移位寄存器的第 9 位上，以后每次移位，左边都移入

0。当停止位移至输出位时,左边其余位全为 0,检测电路检测到这一条件时,使控制电路进行最后一次移位,并置 TI=1,向 CPU 请求中断,在发送停止位的同时置位 TI。其发送时序如图5-13所示。

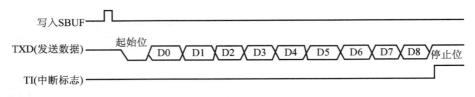

图 5-13 方式 2 和方式 3 的发送时序图

2)接收过程

方式 2、方式 3 的接收过程与方式 1 的类似,所不同的是接收到的第 9 位数据是 TB8 而不是停止位,接收后存放在 RB8 中。同样,对接收到的数据是否存入 SBUF 的判断也是根据接收到的第 9 位,而不是停止位。其余情况与方式 1 相同。其接收时序如图 5-14 所示。

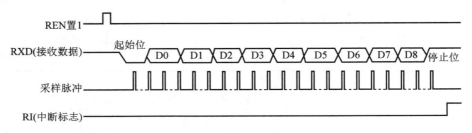

图 5-14 方式 2 和方式 3 的接收时序图

5.4 串口应用编程实例

51 系列单片机串口的 4 种工作方式在实际应用中通常用于以下 3 种情况:方式 0 用于扩展并行 I/O 口;方式 1 用于实现点对点双机通信;方式 2、方式 3 用于实现多机通信。

串口在使用前需要进行初始化,一般包括设置串口控制寄存器 SCON、波特率及启动发送或接收数据。具体步骤如下。

(1)根据工作方式确定 SM0、SM1。如果是方式 2 或方式 3,则应将发送数据的第 9 位写入 TB8;若是接收操作,则置位 REN。

(2)如果工作在方式 2,需要设置 SMOD 以决定波特率;若工作在方式 1 或方式 3,除了设置 SMOD 外,还需要设置 T1 的工作方式、初值,并启动 T1 计数。

(3)如果串口以中断方式工作时,需要设置中断相关寄存器(IE、IP)。

5.4.1 串口方式 0 编程实例

51 系列单片机串口工作在方式 0 时,外接一个串入并出的移位寄存器,可以扩展并行输出口;当外接一个并入串出的移位寄存器时,可以扩展并行输入口。

1. 扩展并行输出口

【例 5-1】 利用芯片 74HC164 扩展 51 单片机的并行输出口。

74HC164 是 8 位边沿触发式移位寄存器,串行输入数据,然后并行输出。数据通过两个输入端(DSA 或 DSB),其中一个串行输入时,另一个输入端可以作为高电平使能端,控制数据输入;或者将两个输入端连接在一起作为数据输入端,不使用使能功能。时钟(CP)每次由低变高时,数据右移一位。复位($\overline{MR}$)引脚低电平有效,当 MR 端输入低电平时,所有输入端无效,同时非同步地清除寄存器,强制所有的输出为低电平。

根据 74HC164 的逻辑功能,可以设计硬件电路如图 5-15 所示。这里分别使用按键 S1、S2 作为使能控制及复位控制。为了能够观察输出情况,在 74HC164 输出端接 LED,当输出高电平时,LED 发光,输出低电平时,LED 熄灭。

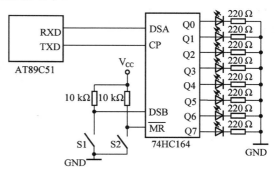

图 5-15 并口输出扩展硬件电路

根据该硬件电路,可以设计一段测试程序,使单片机循环输出 0X00~0X09 这 10 个数字。源程序代码设计如下。

```c
#include<reg51.h>
void Delay()
{
    unsigned int a;
    for(a=0;a< 25000;a++);
}
main()
{
    unsigned char b=0;
    SCON=0X00;                    //串口初始化为工作方式 0
    for(;;)
    {
        if(b==10)    b=0;
        SBUF=b;
        while(TI==0);             //等待发送完毕
        TI=0;
        b++;
        Delay();                  //延时,以避免视觉暂留
    }
}
```

由于串口工作在方式 0 时,波特率为固定的 $f_{osc}/12$,因此在该程序中并未对定时/计数器 1 进行初始化。在向发送缓冲器 SBUF 写入数据后,使用 while 语句对 TI 进行判断,确定是否发送完毕,如果发送完毕,则对 TI 清零,并令变量 b 加 1。需要注意的是,为了能够使人眼观察到 LED 的闪烁变化,在下一次发送前,必须延时一段时间,以避免视觉暂留现象。

对该程序进行软件调试。当选择 12 MHz 振荡频率时,可以看到,向发送缓冲器 SBUF 写

入数据后需要 8 μs,即需要 8 个机器周期使 TI 置 1。

软件调试界面的串行输出窗口可用于观察串行输出。当 TI 由 0 置 1 时,发送缓冲器 SBUF 中写入的数据发送完毕,此时串行输出窗口将会出现该数据所对应的字符形式。但此时串行输出窗口并未出现任何字符,这是因为在计算机信息处理中,字符是以 ASCII 的形式表示的(见表 5-6),而数据 0X00 到数据 0X09 不代表任何字符。如果需要在串口输出窗口观察到字符 0~9 的输出,可以将变量 b 的初值改为 0X30,即使串口循环输出从 0X30~0X39 的数据。此时对程序进行仿真,可以得到如图 5-16 所示的仿真输出界面。需要注意的是,串行控制窗口中的 SBUF 显示的数值与变量 b 一致,也就是说,这里的 SBUF 是输出数据缓冲器,而非输入数据缓冲器。

图 5-16 方式 0 串行输出调试界面

表 5-6 常用字符的 ASCII 码(用十六进制数表示)

字符	ASCII	字符	ASCII	字符	ASCII	字符	ASCII	字符	ASCII
NUL	00	.	2F	C	43	W	57	k	6B
BEL	07	0	30	D	44	X	58	l	6C
LF	0A	1	31	E	45	Y	59	m	6D
FF	0C	2	32	F	46	Z	5A	n	6E
CR	0D	3	33	G	47	[	5B	o	6F
SP	20	4	34	H	48	\	5C	p	70
!	21	5	35	I	49	]	5D	q	71
"	22	6	36	J	4A	↑	5E	r	72
#	23	7	37	K	4B	´	5F	s	73
$	24	8	38	L	4C	←	60	t	74
%	25	9	39	M	4D	a	61	u	75
&	26	:	3A	N	4E	b	62	v	76
'	27	;	3B	O	4F	c	63	w	77
(	28	<	3C	P	50	d	64	x	78
)	29	=	3D	Q	51	e	65	y	79
*	2A	>	3E	R	52	f	66	z	7A
+	2B	?	3F	S	53	g	67	{	7B
,	2C	@	40	T	54	h	68			7C
−1	2D	A	41	U	55	i	69	}	7D
/	2E	B	42	V	56	j	6A	~	7E

74HC164 的输出方式属于移位并行输出,每当时钟出现一次上升沿,接收到一位串行数据,就会输出一次,同时输出的数据向低位移位一次,直到 8 个脉冲过后,即 74HC164 输出变换 8 次之后,才能最终完整输出接收到的 8 位数据。如果将上述程序中的 Delay() 延时函数删除,将会发现,即使只输出一个固定的数据,8 个 LED 也会保持全亮,这是由于持续输出导致输出持续位移。如果要一次性输出而非移位输出,可以使用 CD4094 芯片,与 74HC164 相比,它少了复位引脚 $\overline{MR}$,而多了控制引脚 STB。当 STB=0 时,打开串行输入控制门,关闭并行输出控制门;当 STB=1 时,关闭串行输入控制门,打开并行输出控制门。在编写程序时,在向 SBUF 写数据之前令 STB 置 0,而 TI 置位后,再令 STB 置 1。

2. 扩展并行输入口

【例 5-2】 利用芯片 CD4014 扩展 51 系列单片机的并行输入口。

CD4014 是一块 8 位并入串出的芯片,具有一个控制引脚 S/P。当 P/S=1 时,8 位并行数据置入芯片内部寄存器;当 P/S=0 时,在时钟信号 CLK 控制下内部寄存器的内容按低位在前、高位在后的顺序依次从输出端口输出。

根据 CD4014 的逻辑功能,可以使用开关 S0~S7 作为并行输入控制,P1.0 连接 P/S 端进行软件控制,按键 S8 接 P1.1,作为接收启动控制,电路硬件结构如图 5-17 所示。

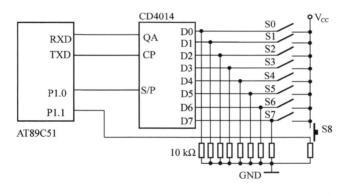

图 5-17 并行口输入扩展硬件电路

当开关 S0~S7 断开时,输入低电平;闭合时,输入高电平。由于不可能一次性操控 8 个开关,因此设置按键 S8 用于输入启动控制。当 8 位输入数据通过开关设置好后,控制按键 S8,P1.1 输入高电平,启动 CD4014 的并行数据输入。假设要通过 CD4014 输入数据,则源程序代码如下。

```c
#include<reg51.h>
sbit P10=P1^0;
sbit P11=P1^1;              //位定义
void delay()
{
    int a;
    for(a=0;a< 2000;a++);
}
main()
{
```

```
    for(;;)
    {
        if(P11==1)
        {
            delay();
            if(P11==1)              //判断 S8 是否按下
            {
                P10=0;              //允许 CD4014 串行输出
                REN=1;              //启动接收
            }
        }
        if(RI==1)                   //等待接收完毕
        {
            REN=0;                  //禁止接收
            RI=0;
            P0=SBUF;                //通过 P0 口观察接收到的数据
            P10=1;
        }
    }
}
```

　　若对该程序进行软件仿真,通过 P1 控制窗口手动控制 P1.1,会发现即使未输入数据,RI 仍然不断置 1、清 0,而 P0 口显示始终为 0X00,如图 5-18(a)所示。这是因为方式 0 属于移位寄存器,数据发送不设起始位与停止位,故一旦启动接收,CPU 会将 RXD 端检测到的信号不断依次串行移入缓冲寄存器中。在软件仿真状态,会默认 RXD 端为低电平。因此,每隔 8 个机器周期,CPU 默认接收到 8 位数据“0”,RI 置 1,P0 显示为全 0 状态。

　　打开串行窗口♯1,在程序执行指令“REN＝1”之前,在串行窗口♯1 中输入字符,继续运行程序,则会看到 P0 显示变成该字符相对应的 ASCII 码,如图 5-18(b)所示。这里需要注意的是,由于串行窗口为串行输出观察窗口,因此在其中输入字符是不可见的,但系统会默认字符已经输入。

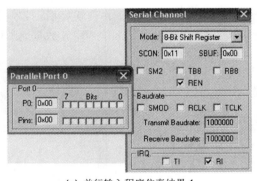

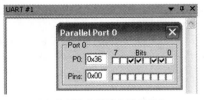

(a) 并行输入程序仿真结果 1　　　　　　　　　　(b) 并行输入程序仿真结果 2

图 5-18　并行输入程序的仿真结果

5.4.2 串口方式 1 编程实例

51 系列单片机串口工作方式 1 一般用于点对点双机通信。

1. 查询方式实现双机通信

【例 5-3】 假设 AT89C51 单片机采用 11.059 MHz 晶振,利用单片机甲和单片机乙建立一个波特率为 9.6 kb/s 的双机通信系统。

为了能够使用软件仿真双机通信效果,这里假设单片机甲向单片机乙循环发送字符“0”～“9”,同时接收乙机反馈数据;单片机乙每接收 10 个数据就向甲机发送 1 个字符。甲、乙机均用 P0 口显示接收到的数据。甲机程序代码如下。

```
#include<reg51.h>
unsigned char t=0x30,r;
main()
{
    SM1=1;                      //设置串口工作方式为方式 1
    TMOD=0X23;                  //T0 设置为方式 3,T1 设置为方式 2
    TL1=0XFD;
    TH1=0XFD;                   //设置初值
    REN=1;                      //允许接收
    while(1)
    {
        SBUF=t;
        while(TI==0);
        TI=0;
        t++;
        if(t==0x3a) t=0x30;
        if(RI==1)
        {
            RI=0;
            r=SBUF;
            P0=r;
        }
    }
}
```

根据表 5-5,要产生 9.6 kb/s 的波特率,则应将定时/计数器 T1 设置为方式 2,初值设置为 0XFD。在定时/计数器 T0 不作他用时,可将其设置为方式 3,以便令 T1 计数自动启动,避免再次访问定时寄存器 TCON,以节省时间。

软件仿真时,每当发送完 10 个数据后,可手动在串行窗口♯1 中输入数字字符,以便模拟接收状态。仿真界面如图 5-19(a)所示。

乙机程序代码如下。

```
#include<reg51.h>
unsigned char a,b=0x30;
```

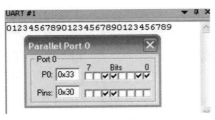

(a) 甲机仿真结果

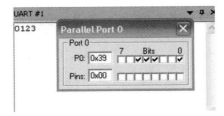

(b) 乙机仿真结果

图 5-19　双机通信仿真结果

```
void delay();
main()
{
    SM1=1;
    TMOD=0X23;
    TH1=0XFD;
    TL1=0XFD;                    //波特率设置与甲机的保持一致
    REN=1;
    while(1)
    {
        if(RI==1)
        {
            RI=0;
            P0=SBUF;
            a++;
            if(a==10)
            {
                a=0;
                SBUF=b;
                b++;
            }
        }
    }
}
```

　　软件仿真时,可手动在串行窗口#1中输入数字字符"0"～"9",以便模拟接收状态。可以看到,每接收完 10 个字符,程序会自动输出 1 个数字字符,以便对循环发送计数次数。需要注意的是,发送完毕后并未对 TI 清零,但对后续发送没有影响。仿真界面如图 5-19(b)所示。

　　如图 5-20 所示连接硬件,将程序分别下载到甲机和乙机,去除视觉暂留现象,则可以观察到,每当乙机 P0 口显示数值变化 10 次,即接收到 10 个数据,甲机 P0 口的显示数值加 1。

　　2. 中断方式实现串行通信

　　除了查询方式外,也可以用中断方式实现串行通信。

　　【例 5-4】　利用中断方式实现例 5-3 中的乙机通信程序。

　　由于例 5-3 中的乙机通信属于双工通信,既可以发送,又可以接收,两种操作都可能触发

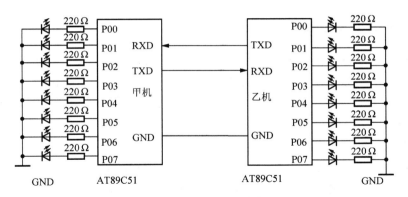

图 5-20 双机通信硬件电路

串口中断,因此,如果要在中断服务程序中完成所有通信操作,则需要判断是哪种操作引起的中断请求,以做相应处理。修改程序如下。

```
#include<reg51.h>
unsigned char a,b=0x30;
main()
{
    SCON=0x50;                    //串口初始化
    TMOD=0X23;
    TH1=0XFD;
    TL1=0XFD;                     //T1初始化
    ES=1;
    EA=1;                         //开中断
    while(1);
}
void Serial_Port() interrupt 4
{
    if(RI==1)
    {
        RI=0;
        P0=SBUF;
        a++;
        if(a==10)
        {
            SBUF=b;               //设置发送标志
            b++;
            a=0;
        }
    }
    if(TI==1) TI=0;
}
```

5.4.3 串口方式 2 和方式 3 编程实例

51 系列单片机串口工作方式 2 和方式 3 属于 11 位异步通信,除了起始位和停止位之外,共有 9 位数据。当方式 2、方式 3 用于双机通信时,其第 9 位数据一般作为奇偶校验位;当用于多机通信时,接收到的第 9 位数据用于判断是否保存接收到的字节。由于两种工作方式除了波特率外,工作原理完全一致,这里就以方式 3 进行编程举例。

1. 双机通信

【例 5-5】 将例 5-3 中的双机通信系统改为具备数据校验能力的通信系统。

在进行串行通信时,受噪声影响,通常会在传送过程中出现误码,为了减小误码率,通常会在传送数据时增加一位校验位以检测接收到的数据是否正确,若出现误码,则可要求发送方重新发送。这里假设若判断接收数据无误码,则反馈 52H("R"字符,ASCII 码)命令,反之反馈 57H("W"字符,ASCII 码)命令。

甲机修改程序代码如下所示。

```c
#include < reg51.h>
unsigned char t=0x30,r,a,b;
void delay()
{
    int x;
    for(x=0;x< 500;x++);
}

main()
{
    SCON=0XD0;                  //设置串口工作方式为方式 3,并允许接收
    TMOD=0X23;                  //T0 设置为方式 3,T1 设置为方式 2
    TL1=0XFD;
    TH1=0XFD;                   //设置初值
    EA=1;
    while(1)
    {
        unsigned char c=0;
        a=t;
        for(b=0;b< 8;b++)
            if((a> b)&0x01==1)  c++;   //计算发送数据中"1"的数量
        TB8=c% 2;               //如果发送数据中"1"的数量为偶数,则 TB8=0;否则 TB8
                                  =1
        SBUF=t;                 //发送数据
        while(TI==0);           //等待发送完毕
        TI=0;
        while(RI==0);           //等待接收方响应
        RI=0;
        r=SBUF;
```

```
            if(r==0X52)              //若接收方判断正确,则 t 加 1,否则重新发送
            {
                t++;
                if(t==0x3a) t=0x30;
                delay();             //等待,以主动接收乙方非反馈信号
                if(RI==1)            //若接收到数据,则开启串口中断允许
                {
                    ES=1;
                }
            }
        }
    }
    void ser() interrupt 4
    {
        RI=0;
        while(1)
        {
            unsigned char c=0;
            r=SBUF;
            for(b=0;b< 8;b++)
                if((r> > b)&0x01==1)   c++;   //计算接收数据中"1"的数量
            if(RB8! =c% 2)            //检测接收到的校验位与实际接收数据中"1"的数量是否相符
            {
                SBUF=0X57;           //若检测出现误码,则发送"W",要求发送方重新发送
                while(TI==0);
                TI=0;                //等待发送完毕
                while(RI==0);        //等待接收完毕
                RI=0;
            }
            else                     //若检测无误码,则发送"R",并通过 P0 口将接收数据输出
            {
                SBUF=0X52;
                P0=r;
                ES=0;                //接收完毕,关闭串口中断允许
                break;
            }
        }
    }
```

为了避免甲机对乙机主动发送信号从而与校验反馈信号的接收混淆,可以将主动接收服务程序放在中断程序中。当甲机在主程序中接收完乙机的正确反馈信号后,等待一段时间(足够乙机对接收数据计数并向甲机发送一个计数值),若检测到非校验反馈接收所导致的 RI 置 1 情况,启动串口中断允许;响应中断并完成主动接收后,关闭串口中断允许并返回主程序。

调试时,可以通过直接修改串行控制口中的 SBUF 值模拟发送误码状态,通过串行输出观察窗口输入"W""R"等字符模拟串行接收,调试结果如图 5-21(a)所示。

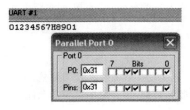
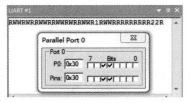

(a) 甲机仿真结果   (b) 乙机仿真结果

图 5-21　双机通信仿真结果

乙机修改程序代码如下。

```c
#include < reg51.h>
unsigned char a,b,d,r,t=0x31;
void delay();
main()
{
    SCON=0XD0;                  //设置串口工作方式为方式 3,并允许接收
    TMOD=0X23;
    TH1=0XFD;
    TL1=0XFD;                   //波特率设置与甲机的保持一致
    while(1)
    {
        if(RI==1)
        {
            RI=0;
            while(1)
            {
                unsigned char c=0;
                r=SBUF;
                for(b=0;b< 8;b++)
                    if((r> > b)&0x01==1)   c++;   //计算接收数据中 1 的数量
                if(RB8! =c% 2)          //若接收有误码,发送错误指令,请求发送方重新发送
                {
                    SBUF=0X57;
                    while(TI==0);
                    TI=0;              //等待发送完毕
                    while(RI==0);   //等待接收发送方重新发送的数据
                    RI=0;
                }
                else               //若接收无误码,发送正确指令,通过 P0 口将接收数据输出
                {
                    SBUF=0X52;
                    while(TI==0);
                    TI=0;          //等待发送完毕
                    P0=r;
                    d++;          //每正确接收一个数据,则计数一次
```

```
            break;          //跳出 while(1)循环
        }
    }
    if(d==10)                 //接收 10 个数据后,发送一个计数值
    {
        d=0;
        while(1)
        {
            unsigned char c=0;
            a=t;
            for(b=0;b< 8;b++)
                if((a> > b)&0x01==1)  c++;   //计算发送数据中 1 的数量
            TB8=c% 2;    //如果发送数据中"1"的数量为偶数,则 TB8=0;否则 TB8
                             =1
            SBUF=t;         //发送数据
            while(TI==0);   //等待发送完毕
            TI=0;
            while(RI==0);   //等待接收方响应
            RI=0;
            r=SBUF;
            if(r==0X52)
            {
                t++;
                break;   //若接收方判断正确,则 t 加 1,并跳出,否则重新发送
            }
        }
    }
}
```

　　调试时,通过串行输出观察窗口输入数字"0"~"9"模拟串行接收,由于无法模拟接收第 9 位校验码 TB8,所以接收到的第 9 位数据始终默认为 0,因此导致在接收到含 1 个数为偶数的 ASCII 码(如"0"字符、"3"字符等)时,反馈输出"R"字符,表明接收数据无误码;接收到含 1 个数为奇数的 ASCII 码(如"1"字符、"2"字符等)时,反馈输出"W"字符,表示接收数据有误码,需发送方重新发送。当串行输出窗口中出现 10 个"R"字符后,输出 1 个计数值。调试结果如图 5-21(b)所示。

　　2. 多机通信

　　在多机通信中,主机信息可以传送到各个从机或指定的从机。从机发送的信息只能被主机接收,各从机之间不能直接通信。为了方便分辨各从机,需要给每个从机一个地址编码,一般用 1 字节定义,因此从机数量不能超过 256 台,其硬件连线如图 5-22 所示。

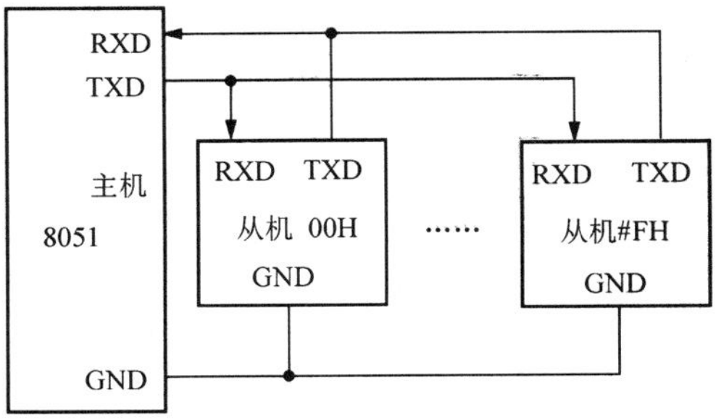

图 5-22　多机通信硬件连线

通信时,为了处理方便,通信双方需要制定相应的协议,如波特率、准备就绪命令、接收命令、发送命令、错误命令等。

【例 5-6】 设计一个含 1 台主机、8 台从机的多机通信系统。

假设主从机振荡频率为 11.059 MHz,工作方式都设置为方式 3,波特率为 9600 b/s。当主机要和某一从机通信时,首先以广播的方式向所有从机发送该从机地址帧,同时令 TB8 置 1;然后令所有从机 SM2 置 1。由于接收到的第 9 位数据为 1,因此将接收到的地址帧存入 SBUF,与本机地址进行比较,若地址相符,则令 SM2 置 0,反之令 SM2 置 1。主从机建立连接后,令 TB8 置 0,主机向从机发送命令。只有地址相符的从机可以接收到该命令,并和主机进行双机通信。

假设 8 台从机地址分别为 31H~38H("1"~"8"字符),主机发送 52H("R"字符)命令时,要求从机接收数据;发送 54H("T"字符)命令时,要求从机发送数据。从机发送 52H 命令时,表示从机接收准备就绪;从机发送 54H 命令时,表示从机发送准备就绪。

若主机命令从机 1 接收字符串"SLAVE1",命令从机 2 向主机发送字符串"SLAVE2",则程序代码如下。

```c
#include<reg51.h>
#define uchar unsigned char
uchar a,r;
uchar rdata[6];
uchar tdata[]={"SLAVE1"};
void master(uchar add,uchar com);
main()
{
    SCON=0XD8;                  //设置串口工作方式为方式 3,TB8 置 1
    TMOD=0X23;                  //T0 设置为方式 3,T1 设置为方式 2
    TL1=0XFD;
    TH1=0XFD;                   //设置初值
    master(0x31,0x52);          //命令从机 1 接收数据
    master(0x32,0x54);          //命令从机 2 发送数据
    while(1);
}
void master(uchar add,uchar com)
{
    while(1)
    {
        SBUF=add;
        while(TI==0);           //等待发送完毕
        TI=0;
        while(RI==0);           //等待接收从机反馈地址
        RI=0;
        r=SBUF;
        if(r==add)      //若接收地址与发送地址相符,则进行后续操作,否则重新发送地址
        {
            TB8=0;
```

```
while(1)      //若接收到正确反馈指令,则进行后续操作,否则重新发送命令
{
    SBUF=com;
    while(TI==0);   //等待发送完毕
    TI=0;
    while(RI==0);   //等待接收方响应
    RI=0;
    r=SBUF;
    if(r==0X52)     //接收到从机接收准备就绪命令,则发送数据
    {
        for(a=0;a< 6;a++)
        {
            SBUF=tdata[a];
            while(TI==0);   //等待发送完毕
            TI=0;
        }
        break;
    }
    if(r==0X54)     //接收到从机发送准备就绪命令,则接收数据
    {
        for(a=0;a<6;a++)
        {
            while(RI==0);   //等待接收完毕
            RI=0;
            rdata[a]=SBUF;
        }
    break;
    }
}
break;
}
}
```

通过串行输出观察窗口输入字符模拟串行接收,可以得到如图 5-23 所示的仿真结果。

若所有从机接收到 52H 命令,则接收主机发送的字符串,若接收到 54H 命令,则向从机发送"SLAVEn"字符串,其程序代码除地址位及发送字符串有区别外,其他代码都是一样的。以从机 1 为例,其程序代码如下。

```
# include<reg51.h>
# define uchar unsigned char
uchar a,r,add=0x31;
uchar rdata[6];
uchar tdata[]={"SLAVE1"};
main()
{
```

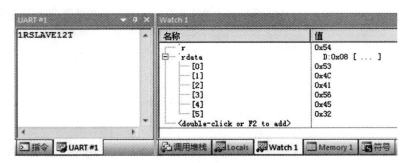

图 5-23　主机仿真结果

```c
SCON=0XF0;                    //设置串口工作方式为方式 3,令 SM2 置 1
SCON=0XD8;
TMOD=0X23;                    //T0 设置为方式 3,T1 设置为方式 2
TL1=0XFD;
TH1=0XFD;                     //设置初值
while(1)
{
    while(RI==0);            //等待接收主机发送的地址
    RI=0;
    r=SBUF;
    if(r==add) //若接收地址与本机地址相符,则进行后续操作,否则等待重新接收地址
    {
        SM2=0;               //将 SM2 置 0,以便接收后续命令及数据
        SBUF=add;            //向主机反馈地址
        while(TI==0);        //等待发送完毕
        TI=0;
        while(1) //接收到正确命令,则发送反馈命令并进行相应操作,否则重新接收命令
        {
            while(RI==0);    //等待接收主机发送的命令
            RI=0;
            r=SBUF;
            if(r==0X52)
            {
                SBUF=0X52;           //向主机发送接收就绪命令
                while(TI==0);        //等待发送完毕
                TI=0;
                for(a=0;a< 6;a++)    //接收主机发送的字符串
                {
                    while(RI==0);
                    RI=0;
                    rdata[a]=SBUF;
                }
                break;
            }
```

```
            if(r==0X54)
            {
                SBUF=0X54;              //向主机发送就绪命令
                while(TI==0);           //等待发送完毕
                TI=0;
                for(a=0;a< 6;a++)       //向主机发送"SLAVE1"字符串
                {
                    SBUF=tdata[a];
                    while(TI==0);
                    TI=0;
                }
                break;
            }
        }
    }
}
```

　　需要注意的是,由于软件仿真器无法仿真第 9 位数据的接收,因此在进行软件仿真时,需要将 SM2 的值由 1 改为 0,否则仿真器无法将 RI 置 1,并保存接收到的数据。通过串行输出观察窗口输入字符模拟串行接收,可以得到如图 5-24 所示的仿真结果。

图 5-24　从机 1 的仿真结果

5.5　设计与提高

　　根据本章所学内容,使用单片机串口调试助手,根据图 5-25 所示电路连接,设计一段程序,实现由个人计算机发送一个字符给单片机,单片机将接收到的数据通过 P0 口外接 LED 显示,同时将其回发给个人计算机。

　　分析:单片机串口调试助手是一个专门用于串行通信接收、发送调试的综合型调试软件,支持常用的 300～115200 b/s 波特率,能设置校验位、数据位和停止位,能以 ASCII 码或十六进制接收或发送任何数据或字符(包括中文),可以任意设定自动发送周期,并能将接收到的数据保存成文本文件,能发送任意大小的文本文件。其工作界面如图 5-26 所示。

　　假设采用 9600 b/s 波特率,单片机串口设置为方式 1,单片机收到个人计算机发来的信号

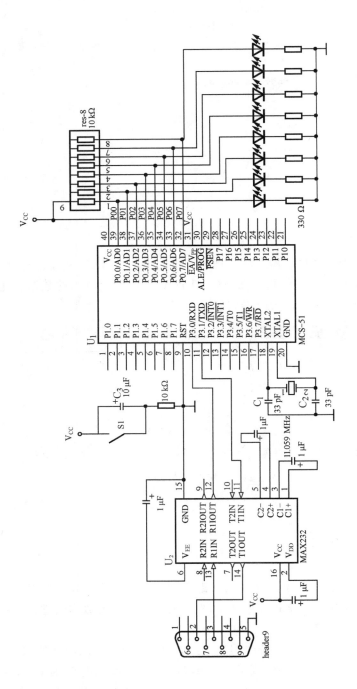

图 5-25　个人计算机与单片机通信电路图

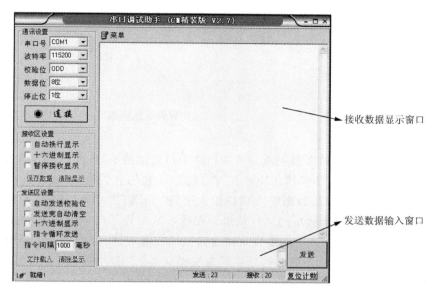

接收数据显示窗口

发送数据输入窗口

图 5-26 单片机"串口调试助手"界面

后采用串口中断方式处理,而单片机回发给个人计算机时使用查询方式,则源程序可设计如下。

```c
#include<reg52.h>
#include <stdio.h>
unsigned char flag,a;
main()
{
    SCON=0x50;                    //串口初始化为工作方式 1
    TMOD=0X20;
    TH1=0XFD;
    TL1=0XFD;                     //T1 初始化,波特率设置为 9600 b/s
    TR1=1;
    ES=1;
    EA=1;
    while(1)
    {
        if(flag==1)              //判断是否允许发送
        {
            ES=0;                //关闭串口中断
            flag=0;              //发送标志清零
            SBUF=a;
            while(! TI);
            TI=0;
            ES=1;                //开启串口中断
        }
    }
}
```

```
void Serial_Port() interrupt 4
{
    RI=0;
    a=SBUF;
    P0=a;
    flag=1;                                        //设置发送标志
}
```

  将源程序生成的执行文件下载到单片机中,在"串口调试助手"界面中,把"通讯设置"选项组参数依次设置为"COM1"、"9600"、"NONE"、"8 位"、"1 位",在"接收区设置"选项组中勾选"十六进制显示"复选框,在发送数据输入端口输入字符"TEXT",单击"连接"按钮后,再单击"发送"按钮,可看到如图 5-27 所示的运行结果。在接收数据显示窗口中出现字符"TEXT"所对应的十六进制 ASCII 码,下方发送数据及接收数据计数值均显示为 4 次,P0 口外接 LED 显示状态保持为"01010100"("0"为熄灭状态,"1"为发光状态)。读者可试着更改波特率设置或校验位参数设置,观察运行结果,并考虑造成这种结果的原因。

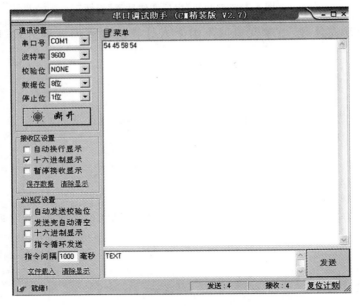

图 5-27 个人计算机与单片机通信调试结果

习　　题

  1. 什么是同步通信?什么是异步通信?通常所说的 51 系列单片机异步串口只能进行异步通信吗?

  2. 51 系列单片机串行输入口结构和输出口结构是什么样的?为什么输入口是双缓冲结构而输出口是单缓冲结构?

  3. 简述串口接收和发送数据的过程。

4. 51 系列单片机的串口有几个数据寄存器 SBUF？它们有什么特点？

5. 51 系列单片机的串口有几种工作方式？各自的特点是什么？

6. 51 系列单片机串口几种工作方式的波特率怎样设置？

7. 如何根据波特率计算定时/计数器 1 的初值？若 $f_{osc}=6\ \mathrm{MHz}$，波特率为 2400 b/s，则定时/计数器 1 的初值是多少？

8. 写出下列语句的含义。

```
SCON=0X25;
SCON=0X81;
```

9. 若要设计一个可实现奇偶校验的双机双工通信系统，波特率要求为 1200 b/s，则相关寄存器应怎样设置？

10. 利用 51 系列单片机的定时/计数器和串口控制 8 位 LED 工作，要求 LED 每隔 1 s 交替亮、灭，画出电路图并编写程序。

11. 利用 51 系列单片机的串口扩展并行 I/O 口，控制 16 个 LED 依次点亮，画出电路图并编写程序。

12. 利用 51 系列单片机设计一个双机通信系统，要求将 A 机片内 RAM 中 30H～3FH 单元的数据块通过串口传送到 B 机片内 RAM 中的 30H～3FH 单元，画出电路图并编写程序。

第6章　51系列单片机常用输入/输出设备

学习目标

● 掌握键盘的工作原理；

● 掌握 LED 数码管、1602LCD 的工作原理；

● 熟悉并掌握键盘扫描、数码管显示及 LCD 显示的软件编程实现。

教学要求

知识要点	能力要求	相关知识
键盘的工作原理	● 掌握独立式键盘、矩阵式键盘与单片机接口的连接方式及工作原理	● 独立式键盘、4×4 矩阵式键盘等
输出设备的工作原理	● 掌握 LED 数码管的工作原理及与单片机接口的连接方式； ● 掌握 1602LCD 的工作原理及与单片机接口的连接方式	
输入/输出软件编程实现	● 熟练掌握矩阵式键盘扫描程序、数码管显示程序及 1602LCD 显示程序	

输入/输出设备

输入/输出设备是外部向计算机输入或计算机向外部输出数据和信息的设备,具有人机交互、计算机与外部设备、计算机与计算机之间的联系作用。现在的计算机能够接收各种各样的数据,既可以是数值型的数据,也可以是各种非数值型的数据,如字符、图形、图像、声音等,但输入之前都需要通过不同类型的输入设备转换成计算机可以处理的信号,如键盘、鼠标、摄像机、传声器等。同样,计算机输出数据也可以通过不同的输出呈现出不同的表现形式,如显示器、打印机、绘图仪、影像输出系统、音响等。

虽然单片机被称为微型计算机,但与真正的计算机不同的是,它仅仅是把一个包含了CPU、存储器及I/O口的计算机系统集成到一个芯片上,而并不包含输入/输出设备。因此在使用单片机完成特定控制操作时,必须根据具体控制要求通过其I/O口连接不同的输入/输出设备,以构成一个完整的计算机系统。

单片机应用广泛的原因之一就是控制功能强,很容易实现人机交互。而要进行人机交互就少不了输入设备与输出设备。51系列单片机常用的输入/输出设备分别是键盘、数码管、LCD等。本章主要介绍输入/输出设备、接口、工作原理及软件编程实现。

6.1 输入设备

51 系列单片机常用的输入设备主要有开关、按键及键盘。开关和按键只有断开和导通两种控制方式,因此只能实现一些简单的控制功能;键盘按结构形式可分为非编码键盘和编码键盘,前者需要用软件方法获取按键值,后者则直接用硬件方法产生键值。本章主要介绍非编码键盘。

6.1.1 开关和按键

1. 开关和按键的工作原理

单片机系统中常用的开关有拨动开关、拨码开关等,如图 6-1 所示。使用时,将拨动开关相邻的两个引脚或拨码开关的两端引脚分别接到电路中需要连接和断开的地方。当拨动开关的档位位于所连接引脚的正上方时,电路连接,否则电路断开;而拨码开关的档位推至"ON"档时,电路连接,否则电路断开。其工作原理如图 6-2 所示。

(a) 拨动开关   (b) 4 位拨码开关   (c) 8 位拨码开关

图 6-1 常用开关

单片机系统中常用的按键有两脚式轻触按键及四脚式轻触按键等,如图 6-3 所示。四脚式轻触按键的四个引脚分为两组,每组中的两个引脚相互导通,组与组之间在按键未按下时断开,按下时导通。其工作原理与两脚式轻触按键的相同,内部结构如图 6-4 所示。当按键按下时,泡沫塑料底部的金属箔片与电路板上的触点接触,使电路连接;手松开后,由复位弹簧的弹力将按键弹起,断开接触,从而断开电路。

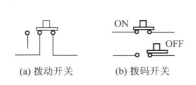

(a) 拨动开关   (b) 拨码开关

图 6-2 常用开关工作原理图

(a) 两脚式轻触按键   (b) 四脚式轻触按键

图 6-3 常用按键

2. 按键去抖动

由于按键内部使用了复位弹簧,加上受机械弹性的作用影响,所以在按键按下或松开时通常伴随着一定时间的机械抖动,如图 6-5 所示。抖动时间的长短与开关机械特性有关,一般为 5~10 ms。

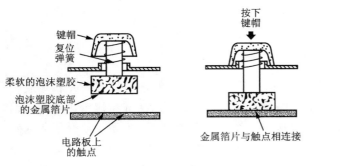

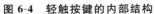

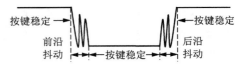

图 6-4　轻触按键的内部结构　　　　　图 6-5　机械抖动

由于单片机工作的机器周期为 $12/f_{osc}$，即一个机器周期只有 $1\ \mu s$ 左右，故若在触点抖动期间检测按键状态时可能导致判断出错，将按下或释放一次检测为多次操作，这种情况是不允许出现的，因此必须消除抖动。

按键的消抖操作有两种方法。一种是利用软件延时，在单片机检测到按键状态发生变化时，延时 10 ms，以跳过抖动过程。

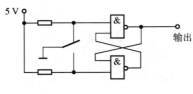

图 6-6　硬件消抖

之后重新检测，若再次检测与前次检测的结果一致，则保留检测结果，否则为抖动状态，不保留检测结果。第二种是硬件消抖，即通过在按键输出电路上添加一定的硬件电路来消除抖动，一般采用 RS 触发器或单稳态电路，如图 6-6 所示。这里使用 RS 触发器构成消抖电路，当按键按下处于抖动状态时，由于触发器门电路一般需要一定的响应时间，此时两个与非门没有稳定输入信号，故输出保持在原状态不变，只有在按键稳定，提供给 RS 触发器稳定输入信号后，输出信号才会翻转，由此输出变为规范的矩形波。

6.1.2　键盘

非编码键盘与单片机的接口主要有两种形式：独立式键盘与矩阵式键盘。

独立式键盘即各按键相互独立，每个按键单独接一个 I/O 口；矩阵式键盘又称行列式键盘，由 I/O 线组成行列结构，每个按键设置在行与列的交点上。

1. 独立式键盘与单片机的接口

图 6-7 所示为查询工作方式及中断工作方式的独立式键盘结构。独立式键盘各按键较好辨认，只需要检测相应 I/O 口的电平状态，其配置简单，但每个按键需要占用一个 I/O 口，当按键需求较多时，I/O 口浪费较大。

【例 6-1】　写出查询工作方式独立式键盘的键值，并读取程序代码。

根据图 6-7(a)所示的电路结构，程序代码如下。

```
#include < reg51.h>
#include< stdio.h>
int a;
unsigned char  b;
main()
```

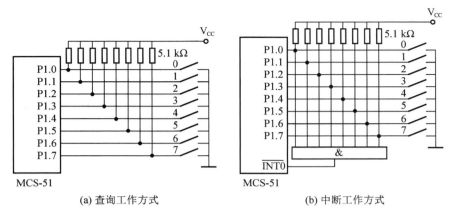

图 6-7　独立式键盘

```
    {
        TI=1;                                    //置位发送标志位,使串行窗口输出有效
        while(1)
        {
            for(a=0;a< 8;a++)
            {
                b=P1;
                b> > =a;
                if((b&0x01)==0)                  //判断被按下的键值
                {
                    printf("key NO.% d down\n",a); //将所按键值通过串行窗口输出
                }
            }
        }
    }
```

利用 Keil 软件模拟按键按下,使 P1.3 口及
P1.6 口分别为 0,可以得到如图 6-8 所示的输出
结果。

【例 6-2】　写出中断工作方式独立式键盘
的键值,并读取程序代码。

通过例 6-1 的键盘识别程序可以看到,使用
查询工作方式需要在主程序中不断对 P1 口的
输入状态进行扫描,比较占用 CPU 资源。在这

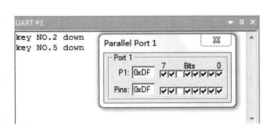

图 6-8　软件的仿真结果

种情况下,可以在电路中增加一个只有在按键按下时,8 输入与门的输出由高电平变为低电
平,才启动键盘扫描程序。为了保证每按键一次只执行一次键盘扫描程序,需要将中断触发方
式设置为脉冲方式。另外,为了避免由于按键的机械抖动导致中断重复响应,需要进行软件
消抖。

根据软件消抖的原理,需要分两步进行:首先,添加延时时间大于 10 ms 的延时程序以跳
过抖动状态;接着,在延时时间过后,应重新判断此时外部中断信号输入的是高电平还是低电

平。若是前者,则表明此时外部操作为松开按键;若是后者,则表明此时外部操作为按下按键,可以执行按键扫描程序。

由于此时按键用作外部中断的触发控制,且触发方式为边沿触发,因此在延时过程中由抖动导致的下降沿会再次令中断标志位置 1,触发中断。若按键按下的时间过长而中断服务程序执行时间过短,将会再次导致执行中断服务程序延时,延时后输入电平仍然保持为低电平,满足条件而重新执行按键扫描程序。因此,在按键用作外部中断边沿触发控制消抖时,需要将中断标志位软件清零,避免由于按键时间过长而导致中断重复响应。

根据图 6-7(b)所示的电路结构,程序代码如下。

```
#include < reg51.h>
#include < stdio.h>
int a;
unsigned char  b;
void delay()
{
    int x;
    for(x=0;x< 2000;x++);              //延时时间需大于 10 ms
}
main()
{
    TI=1;                              //置位发送标志位,使串行窗口输出有效
    EA=1;                              //开启全局中断
    EX0=1;                             //开启外部 0 中断
    IT0=1;                             //设定外部 0 中断触发方式为脉冲方式
    while(1);
}

void  int0()  interrupt 0
{
    delay();                           //延时以消除抖动
    IE0=0;                             //标志位清零,以避免外部中断的重复响应
    if(INT0==0)                        //重新判断是否有按键按下
    {
        for(a=0;a< 8;a++)
        {
            b=P1;
            b> > =a;
            if((b&0x01)==0)            //判断被按下的键值
            {
                printf("key NO.% d down\n",a);  //将所按键值通过串行窗口输出
            }
        }
    }
}
```

独立式键盘按键识别方法简单,但大量占用 I/O 口资源。若键盘需要的按键较多,可采用矩阵式键盘连接。

2. 矩阵式键盘与单片机的接口

图 6-9 所示为查询工作方式及中断工作方式的 4×4 矩阵式键盘,即 4 行 4 列结构。每个按键连接两个 I/O 口,分别为一个行线端口与一个列线端口,因此,根据行列组合共可接入 16 个按键。矩阵式键盘占用的 I/O 口远远少于独立式键盘的,但键位识别较为复杂,需要根据行线和列线对按键进行识别。

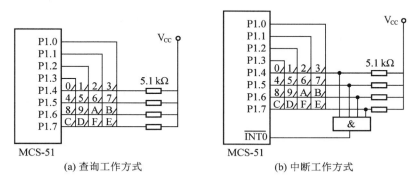

(a) 查询工作方式   (b) 中断工作方式

图 6-9   4×4 矩阵式键盘

由于矩阵式键盘中的每个按键都连接一根行线和一根列线,未按下按键时,两根线断开;按下时,两根线导通,因此可以令行线和列线分别作为输入端口和输出端口。令输出端口依次输出低电平,再对行线进行检测,若检测发现某根行线输入由高电平变为低电平,则说明此时输出为低电平的列线与该根行线所连接的按键被按下。

【例 6-3】 写出查询工作方式 4×4 矩阵式键盘的键值,并读取程序代码。

根据图 6-9(a)所示的电路结构,在没有按键按下时,P1.4～P1.7 的行线输入信号都为高电平。依次令 P1.0～P1.3 输出低电平,若有按键按下时,则必定有一根行线输入信号由高电平变为低电平。判断按键值时,只需检测此时是哪根列线输出信号为低电平,行列线交点处的键值则是被按下的按键。具体过程如下。

(1) 令 P1.0 输出低电平,P1.1～P1.3 输出高电平,扫描 P1.4～P1.7,若全为高电平,则没有按键按下,若有低电平,则找出相应位,得到所按的键。

(2) 令 P1.1 输出低电平,P1.0、P1.2、P1.3 输出高电平,重复(2)。

(3) 令 P1.2 输出低电平,P1.0、P1.1、P1.3 输出高电平,重复(2)。

(4) 令 P1.3 输出低电平,P1.0～P1.2 输出高电平,重复(2)。

具体程序代码如下。

```c
#include < reg51.h>
#include < stdio.h>
#define uchar unsigned char;
int i,key;
uchar pin1;
main()
{
```

```
TI=1;
while(1)
{
    P1=0XFE;                              //令 P1.0 输出低电平
    for(i=0;i< 4;i++)
    {
        pin1=P1;
        if(((pin1> > (4+ i))&0x01)==0)//依次判断 P1.4～P1.7 是否为低电平
        {
            key=i* 4;                     //计算按键值
            printf("key NO.% d down\n",key);
        }
    }
    P1=0XFD;                              //令 P1.1 输出低电平
    for(i=0;i< 4;i++)
    {
        pin1=P1;
        if(((pin1> > (4+ i))&0x01)==0)
        {
            key=1+ i* 4;
            printf("key NO.% d down\n",key);
        }
    }
    P1=0XFB;                              //令 P1.2 输出低电平
    for(i=0;i< 4;i++)
    {
        pin1=P1;
        if(((pin1> > (4+ i))&0x01)==0)
        {
            key=2+ i* 4;
            printf("key NO.% d down\n",key);
        }
    }
    P1=0XF7;                              //令 P1.3 输出低电平
    for(i=0;i< 4;i++)
    {
        pin1=P1;
        if(((pin1> > (4+ i))&0x01)==0)
        {
            key=3+ i* 4;
            printf("key NO.% d down\n",key);
        }
    }
}
}
```

利用 Keil 软件模拟按键按下,可以得到如图 6-10 所示的调试结果。

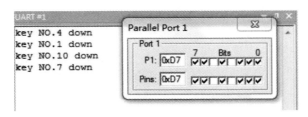

图 6-10　软件模拟的调试结果

上述程序还可简化为以下程序。

```
#include <reg51.h>
#include<stdio.h>
#define uchar unsigned char;
int i,j,key;
uchar pin1;
main()
{
    TI=1;
    while(1)
    {
        for(j=0;j< 4;j++)
        {
            P1=~ (0X08> > j);                //令 P1.3~ P1.0 依次输出低电平
            pin1=P1;
            for(i=0;i< 4;i++)
            {
                if(((pin1> > (4+ i))&0x01)==0)
                                            //依次判断 P1.4~ P1.7 是否为低电平
                {
                 key=i* 4+ j;                //计算按键值
                 printf("key NO.% d down\n",key);
                }
            }
        }
    }
}
```

【例 6-4】 写出中断工作方式 4×4 矩阵式键盘的键值,并读取程序代码。

与例 6-2 一样,中断工作方式实现键值读取,即将键盘扫描程序放在中断服务程序中实现,以此节省 CPU 资源。需要注意的是,为了保证每次无论哪个按键按下都能够触发中断,必须保证在按键前,P1.0~P1.3 全部输出低电平,在触发中断后,再令 P1.0~P1.3 依次输出低电平,以确定按键值。具体程序代码可将例 6-2 的程序修改如下。

```
#include < reg51.h>
```

```
#include < stdio.h>
#define uchar unsigned char;
int i,j,key;
uchar pin1;
void delay()
{
    int x;
    for(x=0;x< 2000;x++);              //延时时间需大于 10 ms
}
main()
{
    P1=0XF0;                            //令按键前 P1.0～P1.3 均输出低电平以触发中断
    TI=1;
    EA=1;                               //开启全局中断
    EX0=1;                              //开启外部中断 0
    IT0=1;                              //设定外部中断 0 触发方式为脉冲方式
    while(1);
}
void int0() interrupt 0
{
    delay();                            //延时以消除抖动
    IE0=0;                              //标志位清零,以避免外部中断的重复响应
    if(INT0==0)                         //重新判断是否有按键按下
    {
        for(j=0;j< 4;j++)
            for(i=0;i< 4;i++)
            {
                P1=(~ (0X01< < j)); //依次令 P1.0～P1.3 输出低电平
                pin1=P1;
                if((( pin1> > (4+ i))&0x01)==0)    //依次判断 P1.4～P1.7 输入是否为
                                                    低电平
                {
                    key=j+ i*4;        //计算按键值
                    printf("key NO.% d down\n",key);
                }
            }
    }
    P1=0XF0;                //判断键值后令 P1.0～P1.3 恢复输出低电平,以保证能够触发下次中断
}
```

利用 Keil 软件模拟按键按下,可以得到如图 6-11 所示的调试结果。

矩阵式键盘的连接方法有很多种,可以直接与单片机的 I/O 口连接,也可以利用扩展的并行 I/O 口连接。根据行线和列线数量的不同,可以构成多种矩阵式键盘,如 4×8、8×8 矩阵式键盘等。不同矩阵式键盘的按键值扫描程序与例 6-4 的相似,只需要注意行线、列线所对应的 I/O 口的依次赋值、状态扫描及按键值计算方法的区别即可。

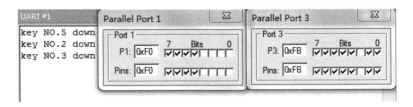

图 6-11　例 6-4 软件模拟的调试结果

6.2　输出设备

51 系列单片机常用的输出设备主要有 LED、LED 数码管、液晶显示器(Liquid Crystal Display,LCD)等。

6.2.1　LED

LED 是一种能发光的半导体电子元件。LED 只能往一个方向导通(通电),当电流流过时,电子与空穴在其内重合而发出单色光。LED 具有效率高、寿命长、不易破损、开关速度快、高可靠性等优点,常见的有直插式及贴片式两种形式。

直插式 LED 如图 6-12(a)所示。颜色多样、使用简单、成本低廉,电压一般为 1.5 V~2.0 V,工作电流一般取 10 mA~20 mA,常在实验系统板中作为指示灯使用。

贴片式 LED 如图 6-12(b)所示。颜色有红、黄、绿、蓝等。其中红色贴片式 LED 的电压一般为 2.2 V,电流为 20 mA 左右;白、蓝、紫、绿色贴片式 LED 的电压为 3.0 V~3.4 V,电流为 20 mA 左右。由于其体积小而常用在微型电路系统中。

（a）直插式LED

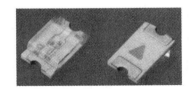
（b）贴片式LED

图 6-12　常见 LED

6.2.2　LED 数码管

将若干个 LED 按照一定结构排列时,可以构成 LED 数码管,通过控制这些 LED 的亮灭,就能够使 LED 显示不同的数字。数码管分为共阳极和共阴极,其内部结构如图 6-13 所示,由于其由 7 段线型及一个点型 LED 构成,因此也被称为 7 段数码管。

为了方便使用,常用的 LED 数码管有一位式及集成式封装形式,如图 6-14 所示。集成式封装是将若干个独立数码管的相同段码输入端分别相连,而将公共端分隔开来作为位选信号输入端进行封装,如图 6-15 所示,以此避免多个数码管同时使用而造成引脚过多的情况。

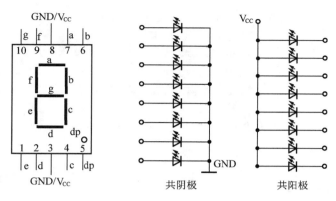

图 6-13　数码管的内部结构

图 6-14　常用数码管的封装形式

　　LED 数码管的显示方式分为静态显示和动态显示两种。

　　静态显示时,LED 公共端接地或电源,而段选端分别与单片机的 I/O 线相连,如图 6-16 所示。若要数码管显示数字,只需令该 I/O 口发送该数字的段码即可。静态显示方式的电路连接简单,显示控制容易,但对于 I/O 资源并不丰富的 51 系列单片机而言,这种连接方式最多只能驱动 4 个 LED 数码管。若需要驱动多个数码管,这种接口方式就不适用了。

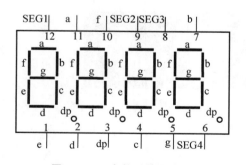

图 6-15　4 个数码管引脚图

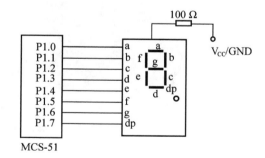

图 6-16　单片机驱动单个数码管

　　为了利用有限的 I/O 资源驱动更多的数码管,可以使用一组 I/O 口控制所有数码管的段码显示,再使用其他 I/O 口控制这些数码管的位选信号。例如,若需驱动 8 个数码管,可以令 P1 口作为段码驱动端口,而 P2 口作为位码选择端口,如图 6-17 所示。当需要令这 8 个数码管中的某一个显示数字时,先通过 P2 口将该数码管选通,再通过 P1 口发送段码,这样就只有被选通的数码管有数字显示,而其他未被选通的数码管即使有段码输入信号,也不会有数字显示。若利用 P2 口依次选通每个数码管,并在每次选通后都通过 P1 口输出显示段码,就可以看到这 8 个数码管依次有数字显示;若将以上过程循环执行且选通间隔较短,短于人眼视觉暂留时间,就会给人以这 8 个数码管同时显示的感觉。这种逐位选通的方式称为位扫描,而这种显示方式称为动态显示。

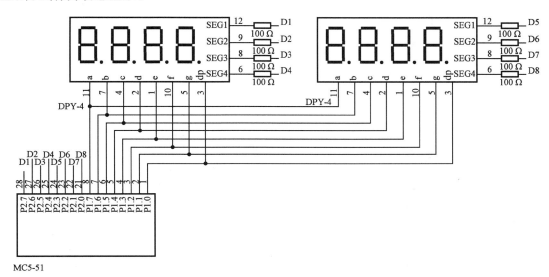

图 6-17 两组 I/O 口驱动 8 个数码管

为了进一步节省 I/O 资源,也可以只使用一组 I/O 口及两个 74LS573 锁存器同时驱动最多 8 个 LED 数码管的段码及位码,如图 6-18 所示。

【例 6-5】 若一个 LED 共阴极数码管与 51 单片机的连接电路如图 6-16 所示,编辑一段程序代码,令该数码管显示 16 秒计时。

由于使用共阴极数码管,数码管公共端应选择接地,段码输入端输入高电平时,对应的 LED 发光,否则不发光。因此,若要依次显示从 0～F 的 16 个数字,P0 口应该依次输出 0X3F、0X06、0X5b、0X4f,0X66、0X6d、0X7d、0X07、0X7f、0X6f、0X77、0X7c、0X39、0X5e、0X79、0X71。秒计时可以利用定时/计数器 0 来实现。具体程序代码如下。

```c
#include < reg51.h>
#define uchar unsigned char
#define uint unsigned int
uint a,time=0;
uchar code table[]={0x3f,0x06,0x5b,0x4f,0x66,0x6d,0x7d,0x07,0x7f,0x6f,
0x77,0x7c,0x39,0x5e,0x79,0x71};          //共阴极数码管
                                          //0～F 显示段码
main()
{
    ET0=1;                               //开启定时/计数器 0 的中断允许
    EA=1;                                //开启全局中断允许
    TMOD=0X02;                           //设定 T0 工作在定时模式,工作方式为方式 2
    TL0=0X38;
    TH0=0X38;                            //写入重载初值,定时 200 μs
    TR0=1;                               //允许计数
```

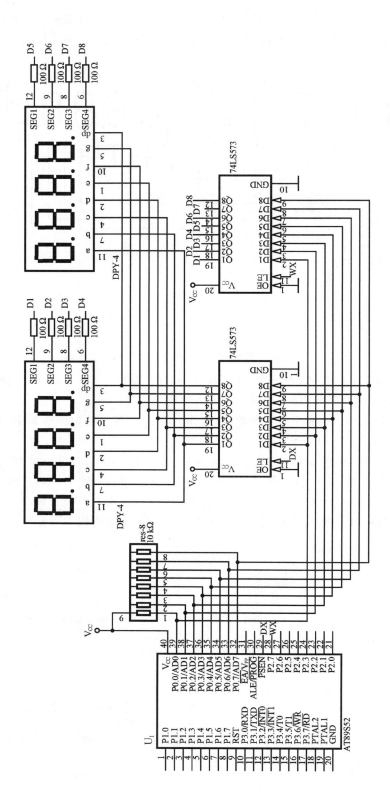

图 6-18 一组 I/O 口驱动 8 个数码管

```
    while(1);
}
void t0() interrupt 1
{
    a++;
    if(a==5000)                    //定时 1 s
    {
        if(time==16) time=0;
        P0=table[time];            //输出段码
        time++;
        a=0;
    }
}
```

若这里使用共阳极数码管,则需将数码管公共端接电源,另外将一维数组 table[]中的各个数取反即可。

【例 6-6】 若使用 AT89C51 单片机驱动 8 个共阳极 LED 数码管,连接电路如图 6-18 所示,编辑一段程序代码,令这 8 个数码管从左至右动态显示数字"12345678"。

由图 6-18 可知,若要满足题目要求,则需要分别进行位选及段选控制,具体控制如下。

(1) 令位选信号控制端 P2.6 与段选信号控制端 P2.7 输出低电平,以锁存段选及位选信号输出。

(2) 令 P2.6 输出高电平,启动位选信号输出,并令 P0 口输出位选信号 0X01,以选择第一个数码管,令其输入有效;位选信号输出后,令 P2.6 恢复为低电平,关闭位选信号输出并锁存,再令 P2.7 输出高电平,启动段选信号输出,并令 P0 口输出段选信号 0XF9,使第一个数码管显示数值 1,接着令 P2.7 恢复低电平,关闭段选信号并锁存。

(3) 重复上述步骤,令输出位选信号 0X02,以选通第二个数码管;令输出段选信号 0XA4,以让第二个数码管显示数值 2。

(4) 重复上述步骤,依次选通后续数码管并令其显示相应数值。

具体程序代码如下。

```
#include< reg51.h>
#define uchar unsigned char
#define uint unsigned int
sbit DX=P2^7;
sbit WX=P2^6;
ucharnum;
uchar code table[]={0x3f,0x06,0x5b,0x4f,0x66,0x6d,0x7d,0x07,0x7f,0x6f,0x77,
                    0x7c,0x39,0x5e,0x79,0x71};
void delay(uint z);
main()
{
    P2=0X00;                //复位段选及位选控制端
    while(1)
    {
```

```
    for(num=0;num< 8;num++)
    {
        WX=1;                    //进行位选
        P0=(0x01< 1);
        WX=0;                    //关闭位选
        DX=1;                    //进行段选
        P0=~ table[num+ 1];
        DX=0;                    //关闭段选
        delay(4);                //延时,以避免段码及位码更替太快导致数字显示出现重影
    }
}
void delay(uint z)
{
    uint x,y;
    for(x=z;x> 0;x--)
        for(y=50;y> 0;y--);
}
```

需要注意的是,在每一轮位选及段选完毕后,需要加入一个延时函数,否则会因为段码及位码更替太快而导致数码管显示出现重影而模糊不清,如图 6-19(a)所示。一般而言,该延时只需要 1~2 ms 即可,远远短于人眼视觉暂留时间,因此我们在观察时,会由于视觉暂留而看成 8 个数码管同时显示不同的 8 个数字,如图 6-19(b)所示。如果增加延时时间,使其大于视觉暂留时间,则可以看到 8 个数码管依次显示不同的 8 个数字。

（a）无延时而显示重影   （b）加延时显示清晰

图 6-19   例 6-6 数码管的输出结果

除了使用 I/O 口驱动数码管外,51 系列单片机也可以利用串口及 74LS164 芯片对独立的数码管进行扩展,如图 6-20 所示。

【例 6-7】   根据图 6-20 所显示的硬件电路,设计一段程序,使这 4 个数码管从左至右分别显示"1234" 4 个数字。

由图 6-20 可以看出,这里利用了 74LS164 移位并行输出的工作方式实现串行输出扩展,要满足要求,需通过串行端口以"4"、"3"、"2"、"1"的顺序依次输出数值段码。由于单片机串口发送数据的次序是先发低位再发高位,而 74LS164 的输出方式是从 QA 端移位输出到 QH 端,且电路中所使用的数码管公共端接地,为共阴极数码管,因此通过串口发送以上 4 个数值的段码分别为 0X66、0XF2、0XDA、0X60。

具体程序代码如下。

```
#include < reg51.h>
#define uchar unsigned char
#define uint unsigned int
```

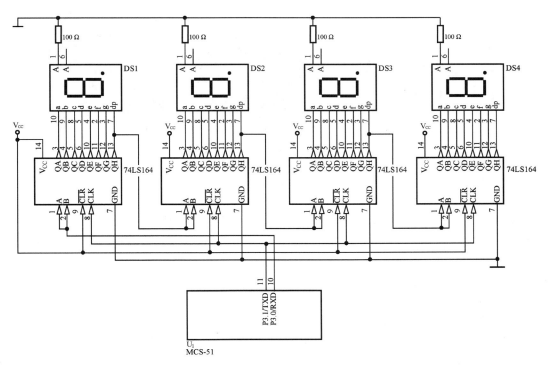

图 6-20　串口扩展 4 位独立数码管

```
uchar code table[]={0xFC,0x60,0xDA,0xf2,0x66};   //共阴极数码管 0~4 显示段码
main()
{
    uchar b;
    SCON=0x00;                                   //串口初始化为工作方式 0
    for(b=4;b> 0;b--)
    {
        SBUF=table[b];
        while(TI==0);                            //等待发送完毕
        TI=0;
    }
    while(1);
}
```

6.2.3　LCD

　　LCD 是一种利用液态的结晶体的电光效应进行光学显示的平面显示器,多用于电视机及计算机的屏幕显示。51 系列单片机常用的 LCD 主要有段型、字符型及点阵图形型 3 种类型,如图 6-21 所示。

　　(1) 段型 LCD。段型 LCD 是指以长条状显示像素组成一位显示类型的 LCD,主要用于显示数字,或围绕数字显示,在形状中总是围绕"8"的结构变化。常见段型 LCD 的每字由 8 段组成,即 8 字和一点,只能显示数字和部分字母,如果必须显示其他少量字符、汉字和其他符

(a) 段型 LCD (b) 1602 字符型 LCD (c) 点阵图形型 LCD

图 6-21　单片机常用 LCD 实物图

号,一般需要从厂家定做,可以将所要显示的字符、汉字和其他符号固化在指定的位置,如计算器等。

(2) 字符型 LCD。字符型 LCD 主要用于显示字符和数字,对于图形和汉字的显示方式与段型 LCD 的相同。字符型 LCD 一般有以下几种分辨率,8×1、16×1、16×2、16×4、20×2、20×4、40×2、40×4 等,其中 8(16、20、40)的意义为一行可显示的字符(数字)数,1(2、4)是指显示行数。

(3) 点阵图形型 LCD。点阵图形型 LCD 是在一个平板上排列多行和多列,形成矩阵型式的晶格点,点的大小可以根据显示的清晰度来设计。

这里主要介绍 1602 字符型 LCD(以下称为“1602LCD”)的使用方法。1602LCD 是一种专门用来显示字母、数字、符号等的点阵型液晶模块,它由若干个 5×7 或者 5×10 点阵组成 16×2 个字符位(即两行,每行 16 个),每个点阵字符位都可以显示一个字符。每位之间有一个点距的间隔,每行之间也有间隔,起到了字符间距和行间距的作用,因此,字符型 LCD 无法显示图形。

1602LCD 分为带背光和不带背光两种,基控制器大部分为 HD44780,带背光的比不带背光的约厚 3.5mm,但在应用中并无差别。HD44780 内置了 DDRAM(显示数据存储 RAM)、CGROM(字符存储 ROM)和 CGRAM(用户自定义 RAM)。DDRAM 就是显示数据 RAM,用来寄存待显示的字符代码。其共有 80 个字节,地址和屏幕的对应关系如表 6-1 所示。DDRAM 每行都定义了 40 个地址,对于 1602LCD 而言,只有每行的前 16 个地址有效。

表 6-1　DDRAM 字符位地址

	显示位置	1	2	3	4	5	6	7	…	40
DDRAM 地址	第一行	00H	01H	02H	03H	04H	05H	06H	…	27H
	第二行	40H	41H	42H	43H	44H	45H	46H	…	67H

1602 液晶模块内部的字符发生存储器(CGROM)已经存储了 189 个不同的点阵字符图形,这些字符有阿拉伯数字、英文字母的大小写、常用的符号和日文假名等,每一个字符都有一个固定的地址,另外还有 8 个允许用户自定义的字符产生 RAM(CGRAM)。表 6-2 说明了 CGROM 和 CGRAM 中字符与地址的对应关系。例如,若希望显示大写的英文字母“A”,通过表 6-2 可知其代码是 01000001B(41H),那么显示时只需要命令模块把地址 41H 中的点阵字符图形显示出来,就能看到字母“A”。

为了方便使用,CGROM 与地址的对应安排和 ASCII 码的基本一致,只有个别数据不一样。例如,地址 5CH 对应的字符为“￥”,而 ASCII 码中数据 0X5C 对应的字符为“\”。

表 6-2　CGROM、CGRAM 字符地址列表

	0000	0001	0010	0011	0100	0101	0110	0111	1000	1001	1010	1011	1100	1101	1110	1111
0000	CGRAM (1)			0	@	P	`	p				—	タ	ミ	α	p
0001	(2)		!	1	A	Q	a	q			□	ア	チ	ム	ä	q
0010	(3)		"	2	B	R	b	r			「	イ	ツ	メ	β	θ
0011	(4)		#	3	C	S	c	s			」	ウ	テ	モ	ε	∞
0100	(5)		$	4	D	T	d	t			、	エ	ト	ヤ	μ	Ω
0101	(6)		%	5	E	U	e	u			・	オ	ナ	ユ	σ	Ü
0110	(7)		&	6	F	V	f	v			ヲ	カ	ニ	ヨ	ρ	Σ
0111	(8)		'	7	G	W	g	w			ア	キ	ヌ	ラ	g	π
1000			(	8	H	X	h	x			ィ	ク	ネ	リ	∫	X̄
1001			)	9	I	Y	i	y			ゥ	ケ	ノ	ル	−1	y
1010			*	:	J	Z	j	z			エ	コ	ハ	レ	j	千
1011			+	;	K	[	k	{			ォ	サ	ヒ	ロ	×	万
1100			,	<	L	¥	l	|			ヤ	シ	フ	ワ	φ	円
1101			—	=	M	]	m	}			ュ	ス	ヘ	ン	ŧ	÷
1110			.	>	N	^	n	→			ョ	セ	ホ	゛	ñ	
1111			/	?	O	_	o	←			ッ	ソ	マ	゜	ö	■

1602LCD 采用标准的 14 脚(无背光)或 16 脚(带背光)接口,各引脚接口说明如表 6-3 所示。

表 6-3　1602LCD 各引脚说明

编　号	符　号	引 脚 说 明	编　号	符　号	引 脚 说 明
1	V_{SS}	地电源	9	DB2	数据
2	V_{DD}	电源正极	10	DB3	数据
3	VL	液晶显示偏压	11	DB4	数据
4	RS	数据/命令寄存器选择	12	DB5	数据
5	R/W	读/写信号线选择	13	DB6	数据
6	E	使能信号	14	DB7	数据
7	DB0	数据	15	BLA	背光电源正极
8	DB1	数据	16	BLK	背光电源负极

各引脚具体说明如下。

第 1 脚:V_{SS} 为地电源。

第 2 脚:V_{DD} 接 5V 正电源。

第 3 脚:VL 为 LCD 对比度调整端,接正电源时对比度最弱,接地时对比度最强,对比度强时会产生重影,使用时可以通过一个 10 kΩ 的电位器调整对比度。

第 4 脚:RS 为寄存器选择,高电平时选择数据寄存器,低电平时选择指令寄存器。

第 5 脚:R/W 为读/写信号线,高电平时进行读操作,低电平时进行写操作。当 RS 和 R/W 共同为低电平时,可以写入指令;当 RS 为低电平、R/W 为高电平时,可以读取信号;当 RS 为高电平、R/W 为低电平时,可以写入数据;若两者同为高电平,则可读取数据。

第 6 脚:E 端为使能端,当 E 端由高电平变成低电平时,液晶模块执行命令。

第 7~14 脚:8 位并行 I/O 口,数据的输入读取端口。

第 15、16 脚(有背光 LCD):背光电源正、负极,不接电源时,无背光。

1. 1602LCD 工作时序及指令集

1602 液晶模块的读/写操作共有 4 种基本操作时序,分别是读状态、写指令、读数据及写数据。根据 1602LCD 的引脚说明,这 4 种基本操作时序所对应的引脚状态应安排如下。

(1)读状态。

输入:RS=L,R/W=H,E=H

输出:DB0~DB7=状态字

(2)写指令。

输入:RS=L,R/W=L,E=下降沿脉冲,DB0~DB7=指令码

输出:无

(3)读数据。

输入:RS=H,R/W=H,E=H

输出:DB0~DB7=数据

(4)写数据。

输入:RS=H,R/W=L,E=下降沿脉冲,DB0~DB7=数据

输出:无

在这 4 种基本操作时序中,第一种读状态的输入、输出的具体情况如表 6-4 所示。

表 6-4　读状态

输 入 状 态			输　　出							执行时间/μs
RS	R/W	E	DB7	DB6	DB5	DB4	DB3	DB2	DB1	DB0	
0	1	1	BF	AC 内容(7 位)							40

输出状态字的最高位 DB7 表示读取的忙碌信号 BF,当 BF=1 时表示 LCD 忙,暂时无法接收单片机发送的数据或指令;而当 BF=0 时,LCD 可以接收单片机发送的数据或指令。理论上,1602LCD 每次进行读/写操作前,都必须对其进行读/写检测,确保 BF 位为 0。如果 BF 不为 0,则表示 1602LCD 在进行内部操作,此时不能对其进行读/写操作,否则可能出错;但在实际应用中,一般习惯在每次读/写前插入延时程序以取代状态读取。

DB6~DB0 表示所读取的地址计数器(AC)的内容,需要注意的是,读取的 AC 内容只有 7 位。

1602LCD 的 4 种基本操作时序中,第二种写指令是指对 DDRAM 的内容和地址进行操作,这里共有 8 条 HD44780 的指令。

(1)清屏指令的功能主要包括清除 LCD、光标归位及地址清零。其中,清除 LCD 是将

DDRAM 的内容全部填入"空白"的字符码 20H;光标归位是将光标撤回液晶显示屏的左上方;地址清零是将地址计数器(AC)的值设为 0。其指令编码如表 6-5 所示。

表 6-5 清屏指令

指令功能	输入状态			指 令 码								执行时间/ms
	RS	R/W	E	DB7	DB6	DB5	DB4	DB3	DB2	DB1	DB0	
清屏	0	0	⌐	0	0	0	0	0	0	0	1	1.64

(2)光标归位指令的功能是把光标撤回到显示器的左上方,同时把地址计数器(AC)的值设置为 0 并保持 DDRAM 的内容不变。其指令编码如表 6-6 所示。

表 6-6 光标归位指令

指令功能	输入状态			指 令 码								执行时间/ms
	RS	R/W	E	DB7	DB6	DB5	DB4	DB3	DB2	DB1	DB0	
光标归位	0	0	⌐	0	0	0	0	0	0	1	X	1.64

(3)输入模式设置指令的功能是设定每次写入一位数据后光标的移位方向,并且设定每次写入的一个字符是否移动。其指令编码如表 6-7 所示。

表 6-7 输入模式设置指令

指令功能	输入状态			指 令 码								执行时间/ms
	RS	R/W	E	DB7	DB6	DB5	DB4	DB3	DB2	DB1	DB0	
输入模式设置	0	0	⌐	0	0	0	0	0	1	I/D	S	40

移位方向及是否移动的参数设置如表 6-8 所示。

表 6-8 移位方向及是否移动的参数设置

I/D	S	设 定 情 况
0	0	写入新数据后显示屏不移动,光标左移
0	1	写入新数据后全屏右移一格,光标不动
1	0	写入新数据后显示屏不移动,光标右移
1	1	写入新数据后全屏左移一格,光标不动

(4)显示开关控制指令的功能是控制显示器开/关、光标显示/关闭及光标是否闪烁。其指令编码如表 6-9 所示。

表 6-9 显示开关控制指令

指令功能	输入状态			指 令 码								执行时间/ms
	RS	R/W	E	DB7	DB6	DB5	DB4	DB3	DB2	DB1	DB0	
显示开关控制	0	0	⌐	0	0	0	0	1	D	C	B	40

显示开关控制指令的参数设置如表 6-10 所示。

表 6-10　显示开关控制指令的参数设置

位　　名	设　　置
D	0＝显示功能关；1＝显示功能开
C	0＝无光标；1＝有光标
B	0＝光标不闪烁；1＝光标闪烁

（5）显示屏或光标移动方向指令的功能是使光标移位或使整个显示屏幕移位。其指令编码如表 6-11 所示。

表 6-11　显示屏或光标移动方向指令

指令功能	输　入　状　态			指　令　码								执行时间/ms
	RS	R/W	E	DB7	DB6	DB5	DB4	DB3	DB2	DB1	DB0	
显示屏、光标移动	0	0	⌐	0	0	0	1	S/C	R/L	X	X	40

显示屏或光标移动方向指令的参数设置如表 6-12 所示。

表 6-12　显示屏或光标移动方向指令的参数设置

S/C	R/L	设定情况
0	0	光标左移 1 格，且 AC 值减 1
0	1	光标右移 1 格，且 AC 值加 1
1	0	显示器上字符全部左移一位，光标左移一位
1	1	显示器上字符全部右移一位，光标右移一位

（6）功能设定指令可以设定数据总线位数、显示的行数及字形。其指令编码如表 6-13 所示。

表 6-13　功能设定指令

指令功能	输　入　状　态			指　令　码								执行时间/ms
	RS	R/W	E	DB7	DB6	DB5	DB4	DB3	DB2	DB1	DB0	
功能设定	0	0	⌐	0	0	1	DL	N	F	X	X	40

功能设定指令的参数设置如表 6-14 所示。

表 6-14　功能设定指令的参数设置

位　　名	设　　置
DL	0＝数据总线为 4 位；1＝数据总线为 8 位
N	0＝显示 1 行；1＝显示 2 行
F	0＝5×7 点阵/字符；1＝5×10 点阵/字符（有的产品无此功能）

（7）设定 CGRAM 地址指令的功能是设定下一个要存入数据的 CGRAM 的地址。其指令编码如表 6-15 所示。

表 6-15　设定 CGRAM 地址指令

指令功能	输入状态			指令码								执行时间/ms
	RS	R/W	E	DB7	DB6	DB5	DB4	DB3	DB2	DB1	DB0	
设定 CGRAM 地址	0	0	⅃	0	1	CGRAM 的地址(6 位)						40

这里需要注意的是,CGRAM 的地址只有 6 位,而这 6 位中只有高 3 位才表示为自定义字符的地址,因此用户可设置的自定义字符只有 8 个,且其地址分别为 00H、01H、……、07H,如表 6-2 所示。而这 6 位中的低 3 位指的是字模数据的 8 个地址。

例如,若要自定义一个字符"℃",令其存入 CGRAM 的地址 00H,则首先应找出自定义字符的字模地址与字模数据的对应关系。假设此时每个字符对应 5×7 点阵,则对应关系如表 6-16 所示。

表 6-16　字模地址与字模数据的对应关系

CGRAM 地址	字模地址	图示(5×7 点阵)	字模数据
000	000	●○○○○	00010000
000	001	○○●●○	00000110
000	010	○●○○●	00001001
000	011	○●○○○	00001000
000	100	○●○○○	00001000
000	101	○●○○●	00001001
000	110	○○●●○	00000110

知道了字模地址与字模数据的对应关系后,就可以通过"设置 CGRAM 地址"、"写入字模数据"来进行自定义字符"℃"了。具体操作时序如表 6-17 所示。

表 6-17　自定义字符"℃"操作时序

操作时序	RS	R/W	E	DB7	DB6	DB5	DB4	DB3	DB2	DB1	DB0
设置 CGRAM 地址	0	0	⅃	0	1	0	0	0	0	0	0
写数据	1	0	⅃	0	0	0	1	0	0	0	0
设置 CGRAM 地址	0	0	⅃	0	1	0	0	0	0	0	1
写数据	1	0	⅃	0	0	0	0	0	1	1	0
设置 CGRAM 地址	0	0	⅃	0	1	0	0	0	0	1	0
写数据	1	0	⅃	0	0	0	0	1	0	0	1
设置 CGRAM 地址	0	0	⅃	0	1	0	0	0	0	1	1
写数据	1	0	⅃	0	0	0	0	1	0	0	0
设置 CGRAM 地址	0	0	⅃	0	1	0	0	0	1	0	0
写数据	1	0	⅃	0	0	0	0	1	0	0	0

操作时序	RS	R/W	E	DB7	DB6	DB5	DB4	DB3	DB2	DB1	DB0
设置 CGRAM 地址	0	0	⤵	0	1	0	0	0	1	0	1
写数据	1	0	⤵	0	0	0	0	1	0	0	1
设置 CGRAM 地址	0	0	⤵	0	1	0	0	0	1	1	0
写数据	1	0	⤵	0	0	0	0	0	1	1	0

（8）设定 DDRAM 地址指令的功能是设定下一个要存入数据的 DDRAM 的地址。其指令编码如表 6-18 所示。

表 6-18　设定 DDRAM 地址指令

指令功能	输　入　状　态			指　令　码								执行时间/ms
	RS	R/W	E	DB7	DB6	DB5	DB4	DB3	DB2	DB1	DB0	
设定 DDRAM 地址	0	0	⤵	1	DDRAM 的地址（7 位）							40

由表 6-18 可以看到 DDRAM 的地址只有 7 位,指令码的最高位 DB7 被固定为高电平,因此送地址的时候应该是 0X80＋地址,例如,若要向 DDRAM 第一行第一位写入数据,则应将地址设置为 80H,而不是 00H;若要向 DDRAM 第二行第二位写入数据,则应将地址设置为 C1H,而不是 41H。

1602LCD 的 4 种基本操作时序中,第三种读数据的输入、输出的具体情况如表 6-19 所示。

表 6-19　读数据

输　入　状　态			输　　出								执行时间/ms
RS	R/W	E	DB7	DB6	DB5	DB4	DB3	DB2	DB1	DB0	
1	1	1	要读出的数据 D7～D0								40

例如,若要读出 CGRAM 或 DDRAM 中某个地址的数据,先写指令,设定 CGRAM 或 DDRAM 的地址,接着改变输入状态,就能够通过数据线 DB7～DB0 读取出该地址的数据。

1602LCD 的 4 种基本操作时序中,第四种写数据的输入的具体情况如表 6-20 所示。

表 6-20　写数据

输　入　状　态			输　　入								执行时间/ms
RS	R/W	E	DB7	DB6	DB5	DB4	DB3	DB2	DB1	DB0	
1	0	⤵	要写入的数据 D7～D0								40

与读数据一样,在写数据之前,需要先进行写指令操作,即先行设定 CGRAM 或 DDRAM 的地址,接着改变输入状态,接着才能够通过数据线 DB7～DB0 向该地址写入数据。

2. 1602LCD 应用实例

1602LCD 在使用前,必须先进行初始化。初始化过程包括以下几个步骤。

（1）每次在对 1602LCD 进行读/写操作前,需检测芯片是否处于忙碌状态,若不检测,则需要进行延时,1 ms 即可。

(2) 进行显示模式设置。例如,写指令 38H,表示设置为 16×2 显示,5×7 点阵。

(3) 清屏,写指令 01H。

(4) 设置显示开关。例如,写指令 0EH,表示开显示,显示光标,但是光标不闪烁。

(5) 设置输入模式。例如,写指令 06H,表示读/写时地址自动加 1。

以上指令仅为 1602LCD 初始化的基本步骤,读者可以根据具体需求自行更改。

【例 6-8】 利用 51 单片机控制有背光 1602LCD,并设计一段程序,使 1602LCD 的第一行和第二行从第一位起分别显示"0123456789"及"ABCDEFGH"。

根据 1602LCD 引脚设置,可以画出 51 单片机及 1602 LCD 的电路连接图,如图 6-22 所示。

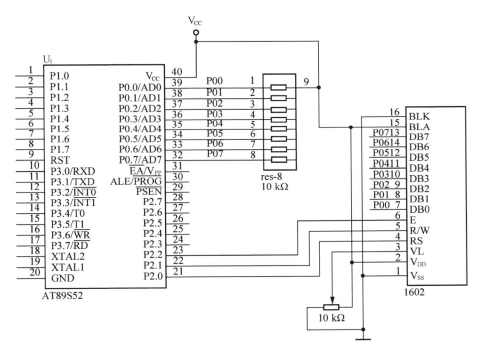

图 6-22　单片机控制 1602LCD

为了满足题目要求,可以将显示模式设置为 16×2 显示,5×7 点阵,即需写指令 38H;将显示开关设置为开显示,但不显示光标,即写指令 0CH;将输入模式设置为读/写时地址自动加 1,即写指令 06H。具体程序编码如下。

```
#include < reg52.h>
#define uchar unsigned char
#define uint unsigned int
sbit rs=P2^0;                        //寄存器选择
sbit rw=P2^1;                        //写/读操作
sbit ep=P2^2;                        //使能
uchar dis1[]={0X30,0X31,0X32,0X33,0X34,0X35,0X36,0X37,0X38,0X39};
uchar code dis1[]={"0123456789 "};
```

```
uchar dis2[]={0X41,0X42,0X43,0X44,0X45,0X46,0X47,0X48};
uchar code dis2[]={"ABCDEFGH "};
uint num,num1;
void delay ( uchar   c)
{
    uchar a,b;
    for(a=c;a> 0;a--)
    for(b=110;b> 0;b--);
}

    /* 写入指令* /
void lcdwcom(uint com)                  //写入指令,rs、rw 为低电平,ep 为下降沿时执行指令
{
    rs=0;
    rw=0;
    P0=com;
    delay(5);                           //延时取代忙状态检测
    ep=1;
    delay(5);
    ep=0;                               //令 ep 产生下降沿
}
    /* 写入数据* /
void lcdwd   (uint d)                   //写入数据,rs 为高电平,rw 为低电平,ep 为下降沿
                                          时执行指令
{
    rs=1;
    rw=0;
    P0=d;
    delay(5);                           //延时取代忙状态检测
    ep=1;
    delay(5);
    ep=0;                               //令 ep 产生下降沿
}
    /* LCD 初始化* /
void lcd_init()
{
    lcdwcom(0x38);                      //LCD 初始化
    lcdwcom(0x0c);                      //开启显示,关闭光标
    lcdwcom(0x06);                      //每写一个光标右移,读/写地址自动加 1
    lcdwcom(0x01);                      //清屏
}
main()
{
    lcd_init();
    lcdwcom(0x80);                      //显示在第一行
```

```
        for(num=0;num< 10;num++)
        lcdwd(dis1[num]);
        lcdwcom(0xc0);                          //显示在第二行
        for(num1=0;num1< 8;num1++)
        lcdwd(dis2[num1]);
        while(1);
}
```

由于数字"0123456789"及字母"ABCDEFGH"在 CGROM 中的地址编码与其 ASCII 码中的一致,因此这里也可以将一维数组直接设置为字符串以便依次输出。输出结果如图 6-23 所示。

【例 6-9】 根据例 6-8 所示的电路连接,设计一段程序,将字符"℃"存入 CGRAM 的 00H 地址,并在显示屏第一排第一位显示"℃"字符。

图 6-23 例 6-8 的输出结果

根据表 6-17 操作时序,首先需要将字符"℃"分解为 5×7 点阵表示方式并获取其字模数据,接着再将该组字模数据分别写入相应的字模地址,最后再通过显示屏将其调出并进行显示。源程序代码可设计如下。

```
#include < reg52.h>
#define  uchar   unsigned char
sbit rs=P2^0;                                   //寄存器选择
sbit rw=P2^1;                                   //写/读操作
sbit ep=P2^2;                                   //使能
uchar code dis1[]={0x40,0x41,0x42,0x43,0x44,0x45,0x46,0x47}; //字模地址
uchar code dis2[]={0x10,0x06,0x09,0x08,0x08,0x09,0x06,0x00}; //字模数据
uchar num,num1;

void delay ( uchar   c)
{
    uchar a,b;
    for(a=c;a> 0;a--)
    for(b=110;b> 0;b--);
}

   /* 写入指令* /
void lcdwcom(uchar com)                 //写入指令,rs、rw 为低电平,ep 为下降沿时执行指令
{
    rs=0;
    rw=0;
    P0=com;
    delay(5);
    ep=1;
    delay(5);
    ep=0;
```

```
    }

    /* 写入数据* /
void lcdwd  (uchar d)          //写入数据,rs 为高电平,rw 为低电平,ep 为下降沿时执行指令
{
    rs=1;
    rw=0;
    P0=d;
    delay(5);
    ep=1;
    delay(5);
    ep=0;
}


    /* LCD 初始化* /
void lcd_init()
{
    lcdwcom(0x38);             //LCD 初始化开始
    lcdwcom(0x0c);             //开启显示
    lcdwcom(0x06);             //每写一个光标加 1
    lcdwcom(0x01);             //清零
}


main()
{
    lcd_init();
    delay(5);
    for(num=0;num< 8;num++)    //设置字模地址并输入字模数据
    {
        lcdwcom(dis1[num]) ;
        lcdwd(dis2[num]) ;
    }
    lcdwcom(0x80);             //显示在第一行第一位
    lcdwd(0x00) ;              //显示字符"℃"
    while(1);
}
```

图 6-24 例 6-9 的输出结果

输出结果如图 6-24 所示。

【例 6-10】　参考例 6-8 及例 6-6,设计一段程序,令 1602LCD 从 DDRAM 的 00H 开始依次显示数字"0"～"9"这 10 个字符,接着依次读出 DDRAM 中 00H～07H 里的数据,并通过数码管动态显示。

本例可以采用图 6-18 与图 6-22 的电路连接方式,即使用 P0 口同时驱动 1602LCD 的数据端口、8 个数码管的段码输入及位选输入,通过 P2.0～P2.6 进行 LCD 和数码管的功能控

制。进行程序设计时,可参考例 6-8 及例 6-6 的设计源程序,在此基础上增加"读 LCD 数据"子程序以实现读取功能。

　　需要注意的是,由于 P0 口同时驱动 1602LCD 及数码管,所以要避免两者数据产生冲突。由于进行 1602LCD 数据读取前必须先向其写入指令以确定所读取数据的 DDRAM 地址,因此此时 P0 口工作于输出状态;而在其后的数据读取操作时,P0 转变为输入状态。为了避免输出数据和输入信号的冲突,需要在读取之前先令 P0 口向外输出全 1。

　　同样,在实现 1602LCD 存放于 DDRAM 的 00H～07H 中的数据读取后,P0 工作于输入状态而 1602LCD 的 DB0～DB7 端口工作于输出状态,为了避免在后续驱动数码管时 P0 口和 DB0～DB7 端口同时工作于输出状态而造成数据冲突导致数码管显示乱码,需要通过 P0 向 1602LCD 随意写一条指令或数据,令 1602LCD 的 DB0～DB7 端口保持在输入状态而非输出状态。源程序代码可设计如下。

```
#include < reg52.h>
#include < intrins.h>
#define uchar unsigned char
sbit rs=P2^0;                   //寄存器选择
sbit rw=P2^1;                   //写/读操作
sbit ep=P2^2;                   //使能
sbit DX=P2^7;
sbit WX=P2^6;
uchar num,i,a=0x7f;
uchar rdata[8],table[]={0x3f,0x06,0x5b,0x4f,0x66,0x6d,0x7d,0x07,0x7f,0x6f,
                        0x77,0x7c,0x39,0x5e,0x79,0x71};
uchar dis1[]={0X30,0X31,0X32,0X33,0X34,0X35,0X36,0X37,0X38,0X39};
void delay ( uchar  c)
{
    uchar x,y;
    for(x=c;x> 0;x--)
    for(y=110;y> 0;y--);
}


    /* 写入指令* /
void lcdwcom(uchar com)         //写入指令,rs、rw 为低电平,ep 为下降沿时执行指令
{
    rs=0;
    rw=0;
    P0=com;
    delay(5);                   //延时取代忙状态检测
    ep=1;
    delay(5);
    ep=0;                       //令 ep 产生下降沿
}


    /* 写入数据* /
```

```
void lcdwd  (uchar d)          //写入数据,rs 为高电平,rw 为低电平,ep 为下降沿时执行指令
{
    rs=1;
    rw=0;
    P0=d;
    delay(5);                  //延时取代忙状态检测
    ep=1;
    delay(5);
    ep=0;                      //令 ep 产生下降沿
}


/* 读数据* /
uchar lcdrd  ()                //读出数据,rs 为高电平,rw 为高电平,ep 为高电平
{
    uchar rd;
    rs=1;
    rw=1;
    delay(5);                  //延时取代忙状态检测
    ep=1;                      //令 ep 变为高电平
    rd=P0;
    return rd;
    delay(5);
    ep=1;
}


/* LCD 初始化* /
void lcd_init()
{
    lcdwcom(0x38);             //LCD 初始化开始
    lcdwcom(0x0c);             //开启显示,关闭光标
    lcdwcom(0x06);             //每写一个光标右移,读/写地址自动加 1
    lcdwcom(0x01);             //清屏
}

main()
{
    P0=0X00;
    P2=0X00;
    lcd_init();
    lcdwcom(0x80);             //显示在第一行
    for(num=0;num< 10;num++)
        lcdwd(dis1[num]);
    for(num=0;num< 8;num++)
    {
```

```
        lcdwcom(0x80+ num);      //设置 DDRAM 地址
        P0=0XFF;                 //避免 P0 口前一时刻输出的"0X80+ num"数据和后一时刻输
                                   入的数据造成冲突
        rdata[num]=lcdrd();
    }
    lcdwcom(0x8b);
                                 //或 lcdwd(0x37);令 1602LCD 数据端口保持为输入状态
    while(1)
    {
        for(i=0;i< 8;i++)
        {
            WX=1;                //进行位选
            P0=a;
            WX=0;                //关闭位选
            a=_cror_(a,1);
            DX=1;                //进行段选
            P0=table[rdata[i]- 0X30];
            delay(2);            //延时以避免段码及位码更替太快导致数字显示出现重影
            DX=0;                //关闭段选
        }
    }
}
```

6.3 输入/输出控制

一般而言,单片机的输入、输出设备是联合使用的,即使用键盘输入控制输出显示。

【例 6-11】 如图 6-25 所示,要求设计一段程序,可以令数码管从左至右依次显示出由键盘所输入的 8 个数字。

对题目要求进行分析可知,在第一次按下某一个按键,如"按键 1",则第一个数码管显示数字"1",而其余 7 个数码管无显示;第二次按下某个按键,如"按键 2",则第一个数码管显示数字"1"不变,而第二个数码管显示数字"2",剩余 6 个数码管无显示;依此类推,直至所有 8 个数码管都有数字显示为止。因此在设计该段程序时,每次按键输入,不仅要令其所对应位置的数码管显示出该数字,还要保持之前的按键输入所对应的数码管显示不变。要实现这种功能,可以设置一个 8 位一维数组,其初值对应的显示码均为 0x00,即对应数码管无显示,每次按键都进行计数,并更改该数组中对应位置的数值,更新完毕后将一维数组中的 8 个数值对应显示码依次输出,这样即可实现数码管显示的保存和更新。具体程序代码如下。

```
#include < reg52.h>
#include < intrins.h>
#define uchar unsigned char
#define uint unsigned int
void delay(uint z);
```

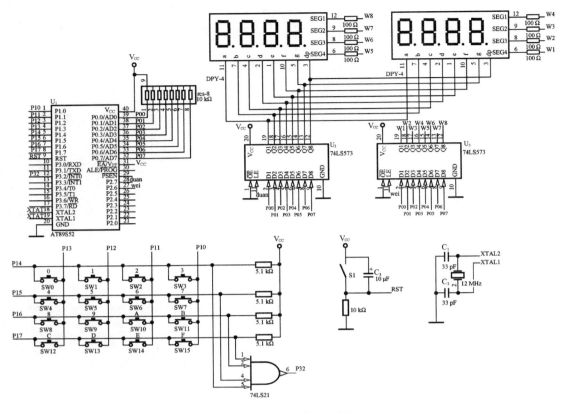

图 6-25 键盘输入控制数码管输出

```
uchar number[8]={16,16,16,16,16,16,16,16};   //设置 8 位一维数组
uint num,i,j,a,n,b,c;
uint pin1;
sbit P32=P3^2;
sbit wei=P2^6;                                //位选控制
sbit duan=P2^7;                               //段选控制
uchar code table[]={0x3f,0x06,0x5b,0x4f,0x66,0x6d,0x7d,0x07,0x7f,0x6f,0x77,
            0x7c,0x39,0x5e,0x79,0x71,0x00};

main()
{
    num=0xff;
    P2=0X00;
    P1=0xf0;
    a=0xfe;
    IT0=1;
    EX0=1;
    EA=1;
    while(1)
    {
        for(b=0;b< 8;b++)
```

```
        {
            wei=1;
            P0=a;
            wei=0;
                a=_crol_(a,1);
            duan=1;
            P0=table[number[b]];
            delay(4);                        //避免视觉暂留导致的阴影
            duan=0;
        }
        P1=0xf0;                             //保证任意按键按下时能触发中断
    }
}
void int0() interrupt 0
{
    delay(40);
    if(P32==0)                               //去除按键抖动
    for(i=0;i< 4;i++)
        for(j=0;j< 4;j++)
        {
            P1=0xFF&(~ (0x01< < i));
            pin1=P1;
            if(((pin1> > (4+ j))&0x01)==0)
            {
                num=i+ j* 4;
                number[n]=num;              //每次按键都更新一维数组中对应位置的数值
                /* if(n==0)                  //按键次数判断,如果此时按下的是 8 位数中的第一
                                              个,则令后续 7 个数码管显示清零
                {
                 for(b=1;b< 8;b++)
                     number[b]=16;
                }* /
                n++;
                if(n==8)    n=0;           //按下 8 次后,计数值恢复为 0
                IE0=0;                      //避免按键按下时发生多次中断
                return;
            }
        }
}
void delay(uint z)
{
    uint x,y;
    for(x=z;x> 0;x--)
        for(y=50;y> 0;y--);
}
```

如果希望数码管能够反复实现 8 位数的依次输出显示,可以在进行按键计数时增加一条 if 语句,以判断此时按下的按键是否是 8 位数中的第一位,如果是第一位,则在更新一维数组中的第一个数后,令剩下的 7 位数全部恢复为初值"16",否则后 7 位数不变。这样,每次新输入一组 8 位数,8 个数码管就会清除之前的 8 位数显示,而只显示当前输入的数据。

【例 6-12】 将图 6-25 所示电路中的 LED 显示模块替换为 1602LCD,如图 6-26 所示。设计一段程序,令 LCD 在第一行显示出由键盘所输入的 8 个数字。具体要求:从显示屏第一行第一位开始显示数字,当一组 8 位数输入完毕,开始输入下一组 8 位数时,之前的显示清零。

在进行程序设计时,首先需要对 LCD 进行初始化,因为题目中无特殊要求,因此可以只对显示模式和显示开关进行设置。在由键盘按键输入数字,并通过 LCD 显示时,可以对按键次数进行计数,并由此设置 DDRAM 的地址为(0x80+n),其中 n 为按键次数。这样就可以令每次的输入数字显示在对应的位置上。需要注意的是,题目中要求每次重新输入一组 8 位数时,对之前的显示结果清零,因此在显示第一个数时,需要向后续 7 个 DDRAM 地址写空白字符以清零。

具体程序代码如下。

```c
#include < reg52.h>
#define uchar unsigned char
#define uint unsigned int
sbit rs=P2^0;                          //数据/命令选择(H/L)
sbit rw=P2^1;                          //读/写操作
sbit ep=P2^2;                          //使能
uint num,i,j,a,n,b,c;
uint pin1;

/* 延时子程序* /
void delay ( uchar  x)
{
    uchar y;
    for(x;x> 0;x--)
    for(y=110;y> 0;y--);
}

/* 向 1602LCD 写入命令* /
void lcdwcom(uint com)                  //写入指令,rs、rw 为低电平,ep 为下降沿脉冲
{
    rs=0;
    rw=0;
    ep=1;
    P0=com;
    delay(5);
    ep=0;
}

/* 向 1602LCD 写入数据* /
```

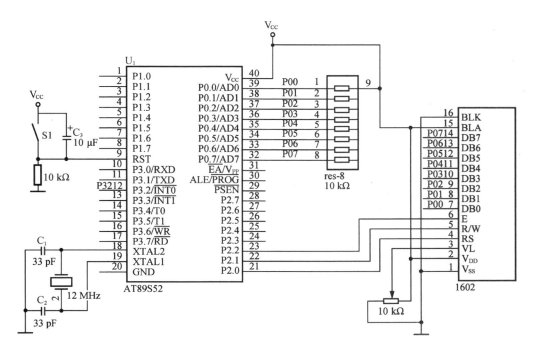

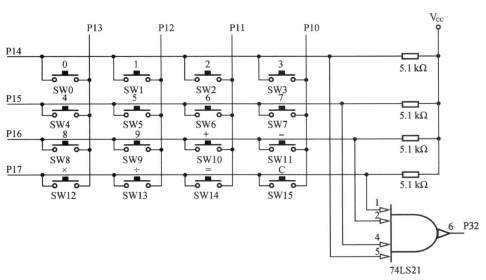

图 6-26　LCD 键盘输入显示电路

```
void lcdwd  (uint d)              //写入指令,rs 为高电平,rw 为低电平,ep 为下降沿脉冲
{
    rs=1;
    rw=0;
    delay(5);
    ep=1;
    P0=d;
    delay(5);
```

```
            ep=0;
    }

    /* 1602LCD 初始化* /
    void lcd_init()
    {
        lcdwcom(0x38);                   //LCD 初始化开始
        lcdwcom(0x0c);                   //开启显示,无光标
        lcdwcom(0x01);                   //清零
    }

    /* 主程序* /
    main()
    {
        P0=0;
        P2=0;
        P1=0xf0;
        lcd_init();
        EA=1;
        EX0=1;
        IT0=1;
        while(1) P1=0xf0;
    }

    /* 外部中断 0 服务程序* /
    void int0() interrupt 0
    {
        delay(40);
        if(INT0==0)                      //去除按键抖动
        for(i=0;i< 4;i++)
            for(j=0;j< 4;j++)
            {
                P1=0xFF&(~ (0x01< < i));
                pin1=P1;
                if(((pin1> > (4+ j))&0x01)==0)
                {
                    num=i+ j* 4;
                    delay(100);
                    if(num< 10)
                    {
                        lcdwcom(0x80+ n);     //第 n 次按键显示在第一行第 n 位
                        lcdwd(0X30+ num);     //显示字符"0"~"9"
                    }
                    else
                    {
```

```
            lcdwcom(0x80+ n);
            lcdwd(0X41+ num-10);  //显示字符"A"～"F"
        }
        if(n==0)
        {
            for(b=1;b< 8;b++)       //如果此时按下的是 8 位数中的第一个,则将
                                     后续 7 位数显示清零
            {
                lcdwcom(0x80+ b);  //设置 DDRAM 位置
                lcdwd(0X20);        //写入空白字符
            }
        }
        n++;
        if(n==8)   n=0;          //按下 8 次后,计数值恢复为 0
        IE0=0;                    //避免按键按下时发生多次中断
        return;
    }
}

}
```

6.4　产品设计

6.4.1　简易计算器设计

根据本章所学内容,试利用 AT89S52、矩阵式键盘、数码管设计一个能够实现 3 位数以内整数的加、减、乘、除法的简易计算器。

分析:要实现题目所要求的简易计算器功能,首先必须有"0"～"9"10 个数字,"＋"、"－"、"×"、"÷"、"＝"5 个符号及"c"清零按键,因此可以使用 4×4 矩阵式键盘;3 位数以内整数的加、减、乘、除运算最终结果最多有 6 位数及一个正负符号位,而题目要求使用数码管做输出显示,因此至少需要 7 个数码管,这里可以使用 2 个四位一体数码管。硬件电路可以设计为如图 6-27 所示的电路。

进行软件设计时,需考虑以下几个方面。

(1) 输入数字不超过 3 个,因此需设置一个 3 位一维数组变量。每次数字输入时,先令数组中的数左移一位,再将本次输入值赋给最后一位,以此保存之前的输入值。随后以"百位×100＋十位×10＋个位"的计算规则将该数组中的数进行整合,并将结果赋给运算值 1。当该组数字输入完毕时,按下运算键,并将输入数字的整合结果赋给运算值 2。

(2) 为了分辨本次输入的数字是运算值 1 还是运算值 2,需要设置一个标志变量。在按下运算键前,该标志变量值为 0;按下任一运算键后,该标志变量值为 1。由标志变量的值决定将此次输入的这组数据整合结果赋值给运算值 1 或运算值 2。

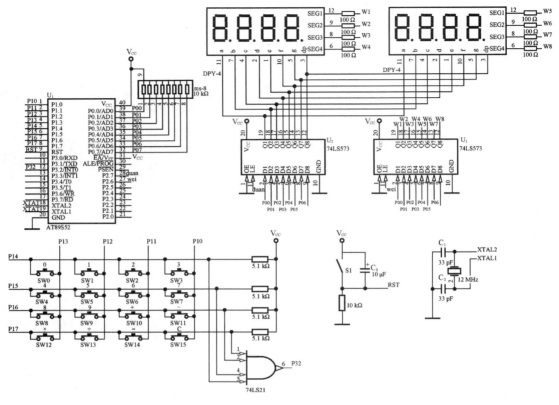

图 6-27　简易计算器电路图

（3）由于有 4 种运算,因此需设置一个运算方式变量。若按下"＋"键,则令该变量为"1";若按下"－"键,则令该变量为"2";若按下"×"、"÷"键,则分别令该变量为"3"和"4"。当系统检测"＝"键被按下后,根据运算方式变量的值对运算值 1 和运算值 2 分别进行相应的运算。

（4）运算结果需要通过数码管显示出来,为了方便显示,需要设置一个 8 位一维数组来存放 8 个数码管将分别显示的数字及符号。符号位可以通过对 r 的值大于或小于 0 来进行判断,剩下的各位数字可以用 $(r\%10^n)/10^{n-1}$ 的取模、取整计算来获取。

（5）为了满足连续计算功能,可以在按下"＝"键后,将 r 的值赋给 c1,c2 的值清零。这样在第一个运算结果出来后,可以直接按下符号键,再将该结果与其后输入的数字进行运算。

综上所述,具体程序代码如下。

```
#include < reg52.h>
#include < intrins.h>
#define uchar unsigned char
#define uint unsigned int
void delay(uint z);
uchar number[]={0,0,0};              //设置保存运算值的 3 位一维数组
uchar result[8];                     //设置保存运算结果的 8 位一维数组
uchar f;                             //设置运算方式变量
uint num,i,j,a,b,c;
long int r,c1,c2;                    //设置运算结果、运算值 1、运算值 2 的变量
```

```
uint pin1;
sbit P32=P3^2;
sbit wei=P2^6;                              //位选控制
sbit duan=P2^7;                             //段选控制
uchar code table[]={0x3f,0x06,0x5b,0x4f,0x66,0x6d,0x7d,0x07,0x7f,0x6f,0x77,
                    0x7c,0x39,0x5e,0x79,0x71,0x00,0x40};

void numberview(uchar x)                    //数码管显示子程序
{
    wei=1;
    P0=a;
    wei=0;
    a=_cror_(a,1);
    duan=1;
    P0=table[x];
    delay(5);
    duan=0;
}

void clear()                                //对输入数据及显示数据清零
{
    for(b=0;b< 3;b++)
        number[b]=0;
    for(b=0;b< 8;b++)
        result[b]=0;
}

main()
{
    num=0xff;
    P2=0X00;
    P1=0xf0;
    IT0=1;
    EX0=1;
    EA=1;
    while(1)
    {
        a=0x7f;
        if(num==14)                         //若按下"=",则将 r 的数值通过数码管显示出来
            for(b=0;b< 8;b++)
            numberview(result[b]);
        else for(b=0;b< 3;b++)              //若按下其他键,则通过数码管显示输入数据
            numberview(number[b]);
        P1=0xf0;                            //保证任意按键按下时能触发中断
    }
```

```
    }

void int0() interrupt 0
{
    delay(40);
    if(P32==0)                         //去除按键抖动
    for(i=0;i< 4;i++)
        for(j=0;j< 4;j++)
        {
            P1=0xFF&(~ (0x01< < i));
            pin1=P1;
            if(((pin1> > (4+ j))&0x01)==0)
            {
                num=i+ j*4;
                if(num< 10&c==0)         //按下运算键前将输入数字整合结果赋给 c1
                {
                    number[0]=number[1];
                    number[1]=number[2];
                    number[2]=num;
                    c1=number[2]+ number[1]*10+ number[0]*100;
                }
                if(num< 10&c==1)         //按下运算键后将输入数字整合结果赋给 c2
                {
                    number[0]=number[1];
                    number[1]=number[2];
                    number[2]=num;
                    c2=number[2]+ number[1]*10+ number[0]*100;
                }
                if(num==10)             //按下"+ "
                {
                    c=1;
                    f=1;
                    clear();
                }
                if(num==11)             //按下"- "
                {
                    c=1;
                    f=2;
                    clear();
                }
                if(num==12)             //按下"×"
                {
                    c=1;
                    f=3;
                    clear();
```

```
        }
        if(num==13)              //按下"÷"
        {
            c=1;
            f=4;
            clear();
        }
        if(num==14)              //按下"="
        {
            c=0;
            clear();
            if(f==1) r=c1+ c2;
            if(f==2) r=c1- c2;
            if(f==3) r=c1* c2;
            if(f==4) r=c1/c2;
            c1=r;                //将计算结果赋给 r,可以进行连续计算
            c2=0;
            if(r> =0) result[0]=16;
            else                 //若计算结果小于 0,则令符号位显示负号并令 r
                                 //× (- 1),以方便各位的获取
            {
                result[0]=17;
                r=r* (- 1);
            }
            result[1]=16;
            result[2]= (r/100000);
            result[3]=((r% 100000)/10000);
            result[4]=((r% 10000)/1000);
            result[5]=((r% 1000)/100);
            result[6]=((r% 100)/10);
            result[7]=(r% 10);
        }
        if(num==15)              //按下"c"清零
        {
            c=0;
            f=0;
            clear();
            c1=0;
            c2=0;
            r=0;
        }
        IE0=0;
        return;
    }
}
```

```
    }

    void delay(uint z)
    {
        uint x,y;
        for(x=z;x> 0;x--)
            for(y=50;y> 0;y--);
    }
```

该硬件及程序最终测试结果如图 6-28 所示。

123 → 按下"−" → 输入数字 821 → 按下"=" → 两者相减后输出结果

输入数字 81 → 输入"×81" → 相乘输出结果 → 再次输入"×81" → 最终输出结果

图 6-28　硬件及程序最终测试结果

由于数码管显示的局限性,所以无法显示运算符号。另外,进行除法运算时,只能显示取整结果,读者可对该程序进一步改进,以完善功能。

6.4.2　简易密码锁设计

根据本章内容,利用 AT89S52、矩阵式键盘、1602LCD 设计一个 6 位数字简易密码锁,使其能够满足以下要求。

（1）初始密码设置为"000000",且可进行密码重设。

（2）输入错误时可清除并重新输入。

（3）输入错误密码报错。

（4）3 次输入错误告警并锁定。

（5）输入正确密码开锁。

分析:根据要求,该密码锁必须包括"0"～"9"10 个数字键、清除键、密码设置键及确定键13 个按键,为了设计方便,可以采用 4×4 矩阵式键盘。硬件电路可以设计为如图 6-29 所示的电路。

进行程序设计时,需考虑以下几个方面。

（1）需要设置两个 6 位一维数组变量以保存密码及输入数字。

（2）为了保证每次输入的数字都有 6 位,需要对数字按键输入次数进行计数,当进行密码比对时,若输入的数字不足 6 位,则报错。

（3）要能够进行密码重设,需设置密码设置标志位及新密码输入允许标志位。当按下密码设置键时,令密码设置标志位置 1。在进行密码比对时,若检测到密码设置标志位为 1,说明正在执行密码重设操作,根据比对结果,密码正确就将新密码输入允许标志位置 1,不正确就报错;若检测密码设置标志位不为 1,说明正在执行开锁操作,根据比对结果,密码正确就显示"OPEN"表明开锁,不正确就显示"LOCK"表明密码错误。6 位数字输入完毕后,按下确定键,

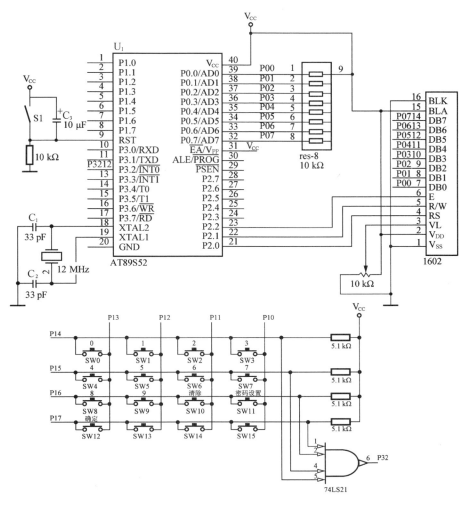

图 6-29　简易密码锁电路图

若检测到新密码输入允许标志位为 1,则将输入的 6 位数字赋给密码变量作为新密码;否则进行密码比对操作。

（4）连续 3 次输入错误则告警且锁定,因此需要对密码输入错误次数进行计数。当输入正确且之前的错误次数小于 3 次时,将错误次数清零;若错误次数超过 3 次,则输出"ALARM"字样并关闭中断,将键盘扫描程序无效化以锁定键盘输入。

（5）为了使密码锁的功能更加完善,可以添加一些小功能。例如,数字输入时,可在显示屏对应位置显示"＊"字符对输入数字保密;当进行比对或其他操作时,可将之前的显示清零。为了表明当前操作是进行密码重设还是开锁,可以设置一些字符串将当前操作种类通过显示屏进行说明等。

综上所述,具体程序代码如下。

```
#include < reg52.h>
#define uchar  unsigned char
#define uint  unsigned int
```

```
    sbit rs=P2^0;                           //写操作
    sbit rw=P2^1;                           //读操作
    sbit ep=P2^2;                           //使能
    uchar  mima[]={0x30,0x30,0x30,0x30,0x30,0x30};  //设置 6 位初始密码
    uchar in[6];                            //设置 6 位一维数组以保存输入 6 位数字
    uchar dis1[]={"CODE:"},open[]={79,80,69,78,32},lock[]={76,79,67,75,32},alarm
                            []={65,76,65,82,77},
    erro[]={69,82,82,79,32},input[]={"INPUT"}, done[]={68,79,78,69,32};
                                            //设置字符组
    uchar num,pin1;
    uchar d;                                //设置新密码输入标志位
    uchar s;                                //设置密码设置标志位
    uint a,b,c,e,i,j;
    void delay ( )
    {
        uint x;
        for(x=1100;x> 0;x--);
    }

    void lcdwcom(uint com)                  //写入指令,rs、rw 为低电平,ep 为下降沿
    {
        rs=0;rw=0;
        P0=com;
        ep=1;
        delay();
        ep=0;
    }

    void lcdwd   (uint d)                   //写入数据,rs 为高电平,rw 为低电平,ep 为下降沿
    {
        rs=1;rw=0;
        P0=d;
        ep=1;
        delay();
        ep=0;
    }

    void lcd_init()
    {
        lcdwcom(0x38);                      //LCD 初始化
        lcdwcom(0x0f);                      //开启显示,有光标且光标闪烁
        lcdwcom(0x01);                      //清屏
        lcdwcom(0x06);                      //每写一个光标加 1
    }
    /* 比较结果输出* /
```

```
void result(uchar y[5])
{
    lcdwcom(0xc0);                              //比较结果从 LCD 第二排第一位开始显示
    for(a=0;a< 5;a++)
    lcdwd(y[a]);
}
/* 清零子程序* /
void clear(uchar x)
{
    lcdwcom(0x80+ x);                           //设定 DDRAM 位地址
    for(a=0;a< 6;a++)  lcdwd(0x20);             //连续写 6 个空白字符
    for(a=0;a< 6;a++)  lcdwcom(0x10);           //将光标左移 6 位,同时将 AC 值减 6
}


main()
{
    P0=0;
    P2=0;
    EA=1;
    EX0=1;
    IT0=1;
    lcd_init();
    delay();
    lcdwcom(0x80);                              //将 DDRAM 位地址设置在第一行第一位
    for (a=0;a< 5;a++)
    lcdwd(dis1[a]);                             //显示"CODE:"
    while(1)
        P1=0XF0;
}
void int0() interrupt 0
{
    delay();
    if(INT0==0)
    {
        for(i=0;i< 4;i++)
        {
            P1=~ (0x01< < (i));
            pin1=P1;
            for(j=0;j< 4;j++)
            {
                if(((pin1> > (4+ j))&0x01)==0)
                {
                    num=i+ j*4;
                    i=4;
                    j=4;
```

```
            IE0=0;
            if(num< 10)                     //输入 6 位数密码
            {
                clear(0x40);                //将密码验证结果清零
                b++;
                if(b< 7)
                {
                    lcdwcom(0x84+ b);  //从第一行第六位开始显示
                    lcdwd(0x2a);        //输入"* "
                    in[b- 1]=0x30+ num;//依次更新密码
                }
                else              //若输入超过 6 位数字,则报错并将之前的输入清零
                {
                    result(erro);
                    clear(5);
                    for(a=0;a< 6;a++) in[a]=0;
                    b=0;
                }
            }
            if(num==10)                     //清除前一个输入的数字
            {
            b=b- 1;
            lcdwcom(0x85+ b);
            lcdwd(0x20);                     //向清除位写空白符号
            lcdwcom(0x10);                   //光标前移一位
        }
        if(num==11)                         //将输入的 6 位数设置为密码
        {
            clear(5);
            s=1;                            //令密码设置标志位置 1
        }
        if(num==12)                         //进行密码比较
        {
        clear(5);                           //清除密码显示
        if(b==6)                            //检测是否输入 6 位数字
        {
            if(d==1)              //进行密码设置时,若输入旧密码正确,则将新
                                  //输入的 6 位数设置为新密码,并输出 "DONE "
                                  //字样
            {
                    for(a=0;a< 6;a++)
                    mima[a]=in[a];
                    d=0;
                    result(done);
            }
```

```
        else                      //进行密码比较
        {
            for(a=0;a< 6;a++) //密码逐位比较
            if(mima[a]==in[a])   c++;
            if(s==1) //进行密码设置时,检测所输入的旧密码是否正确
            {
                    if(c==6) //若输入的旧密码正确,则令 d 值为 1 并输
                             出"INPUT"字样
                    {
                        c=0;
                        d=1;
                        s=0;
                        result(input);
                    }
                else result(erro);
                }
            else                  //进行开锁操作时,检测密码是否正确
            {
                if(c==6)
                {
                c=0;
                e=0;
                    result(open);//密码正确则显示"open"
                }
                else
                {
                    e++; c=0;
                    if(e==3) //若输入错误 3 次,则关闭中断并告警
                {
                    EA=0;
                    result(alarm);
                }
                else    result(lock);//若输入错误不足 3 次,则显
                                     示"lock"
            }
        }
    }
    else  result(erro);              //若输入密码不足 6 位数,则报错
    b=0;
    }
        }
    }
    }
}
```

　　　}

该硬件及程序最终测试结果如图 6-30 所示。

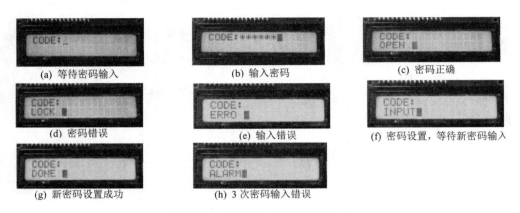

　　(a) 等待密码输入　　　　　　　(b) 输入密码　　　　　　　(c) 密码正确

　　(d) 密码错误　　　　　　　　(e) 输入错误　　　(f) 密码设置，等待新密码输入

　　(g) 新密码设置成功　　　　　(h) 3 次密码输入错误

图 6-30　硬件及程序最终测试结果

　　以上硬件及软件设计只能实现 6 位数密码可重设型密码锁功能，读者可通过进一步改进该程序，增加密码符号类型，例如，字母型、数字字母混合型等，或者更改密码位数，由用户自行设定密码位数，而不局限在 6 位数密码等。

习　　题

1. 什么是按键抖动？按键抖动对键位识别有何影响？消除按键抖动的方法有哪些？

2. 非编码键盘与单片机的接口有几种？具体接口方式是什么样的？

3. 简述矩阵式键盘的扫描程序。

4. 根据图 6-31 所示的矩阵式键盘连接方式及按键号分配方式，写出其键盘扫描程序。

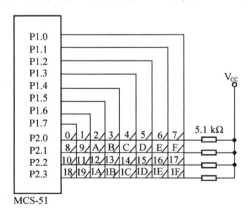

图 6-31

5. 写出共阳极 LED 数码管"0"～"F"显示的段码编码。

6. 根据图 6-32 所示的电路连接，编写一段程序，令该电路能够实现十进制 24 秒篮球计时器功能。

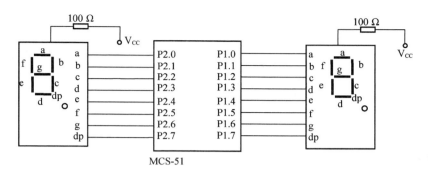

图 6-32

7. 将第 6 题改为由一组 I/O 口及两片 4511 译码器驱动两个共阴极 LED 数码管的连接方式,画出电路图并重新设计程序。

8. 使用 51 单片机及 1602LCD 芯片设计一个时钟显示电路。

第7章 51系列单片机常用外围设备芯片与接口电路

学习目标

- 了解 D/A 转换芯片 DAC0832、A/D 转换芯片 ADC0809、时钟芯片 DS1302 及数字温度传感器 DS18B20 的工作原理；
- 掌握 DAC0832、ADC0809 与 51 系列单片机的接口方式及程序设计方法；
- 掌握 DS1302 与 51 系列单片机的接口方式及程序设计方法；
- 掌握 DS18B20 与 51 系列单片机的接口方式及程序设计方法。

教学要求

知识要点	能力要求	相关知识
51 系列单片机与 D/A、A/D 转换芯片的接口	● 了解 DAC0832 与 ADC0809 的工作原理； ● 掌握 DAC0832、ADC0809 与 51 系列单片机的接口方式及程序设计方法	● DAC0832 与 ADC0809 的组成结构、工作原理，DAC0832 的三种工作方式
51 系列单片机与串行日历/时钟芯片的接口	● 了解 DS1302 的工作原理； ● 掌握 DS1302 与 51 系列单片机的接口方式及程序设计方法	● DS1302 的组成结构、日历/时钟寄存器编码格式、数据传输方式
51 系列单片机与数字温度传感器的接口	● 了解数字温度传感器 DS18B20 的工作原理； ● 掌握 DS18B20 与 51 系列单片机的接口方式及程序设计方法	● DS18B20 的组成结构、温度分辨率、温度值存储格式、通信协议

单片机的 I/O 口电路

接口来源于对英文单词"interface"的翻译，具有界面、相互联系等含义，是指两个不同设备或系统交接并通过其彼此作用的部分。单片机系统中共有两类数据传输操作：一类是 CPU 和存储器等内部设备之间的数据读/写操作，另一类是 CPU 和外围设备之间的数据输入/输出(I/O)操作。由于单片机外围设备种类繁多，工作速度快慢差异大，且数据信号多种多样(电流信号、电压信号、数字信号、模拟信号等)，因此单片机在连接外围设备时，必须设置一个接口电路，完成速度协调、数据锁存、三态缓冲、数据转换等功能，以此对单片机与外围设备之间的数据传输进行协调。

51 系列单片机具备良好的人机交互功能，控制能力强，有较为丰富的 I/O 口资源，因此经常被用来与一些功能芯片联合使用，实现各种功能。例如，与 A/D、D/A 转换芯片联用，可实现数模信号的相互转换；与时钟芯片、LCD 芯片联用，可实现实时时间显示等功能；与不同的传感器联用，可实现温度、湿度、酸碱度等的测量功能或检测功能等。本章将介绍 A/D 转换芯片、D/A 转换芯片、时钟芯片、数字温度传感器与 51 系列单片机的接口电路及应用实例。

7.1 D/A 转换芯片

7.1.1 D/A 转换器

数/模转换器,又称 D/A 转换器,简称 DAC。它是把数字量转换成模拟量的器件。最常见的 D/A 转换器用于将并行二进制的数字量转换为直流电压或直流电流。

1. D/A 转换器的工作原理

D/A 转换器基本上由 4 个部分组成,即权电阻网络、运算放大器、基准电源和模拟开关,如图 7-1 所示。

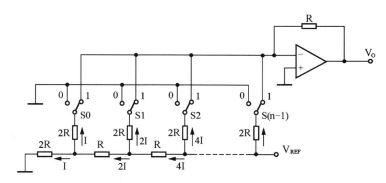

图 7-1 D/A 转换器的构成逻辑图

图 7-1 中的模拟开关为数字量输入端,当对应数字量为"1"时,开关向右闭合;当对应数字量为"0"时,开关向左闭合。由于运算放大器的虚短、虚断特性,无论开关选择哪一位,其电压值均为"0"。这里的权电阻网络为倒 T 形 R-2R 电阻网络,每个倒 T 形电阻节点左边与上端的电阻值均为 2R,因此通过倒 T 形上端及左端电阻的电流值相等且均为通过右端电阻电流的 1/2。若该数字量共有 n 位,则通过开关 $S(n-1)$ 的电流值为 $V_{REF}/2R$,通过开关 $S(n-2)$ 的电流值为 $V_{REF}/(2^2R)$,依此类推,通过 $S0$ 的电流值为 $V_{REF}/2^nR$。

若这 n 位数字信号均为高电平,则此时最大输出电压值为

$$V_{max} = -R\left(\frac{V_{REF}}{2R} + \frac{V_{REF}}{2^2R} + \frac{V_{REF}}{2^3R} + \cdots + \frac{V_{REF}}{2^nR}\right) = -V_{REF}\left(1 - \frac{1}{2^n}\right)$$

若这 n 位数字信号的数字量为 B,则此时输出电压值为

$$V_O = -B \times \frac{V_{REF}}{2^n}$$

由此可见,进行 D/A 转换时,最大电压值比参考电压值始终小 $V_{REF}/2^n$,且数字信号值转换而成的模拟信号值并不是连续的,总存在着 $V_{REF}/2^n$ 的最小间隔。

2. D/A 转换器的主要性能参数

在选择 D/A 转换芯片之前,需要考虑 D/A 转换器的性能参数,主要有以下几个方面。

1）分辨率

分辨率是指 D/A 转换器对模拟量的分辨能力，当输入数字量的最低有效位（Least Significant Bit，LSB）发生变化时，所对应的输出模拟量的变化量。它确定了能由 D/A 转换器产生的最小模拟量的变化。通常用二进制数的位数表示 D/A 转换器的分辨率，如分辨率为 8 位的 D/A 能给出满量程电压的 $1/2^8$ 的分辨能力，显然 D/A 转换器的位数越多，分辨率越高。

2）非线性误差

非线性误差是指实际转换值偏离理想转换特性的最大偏差与满量程之间的百分比。例如 $\pm 1\%$ 是指实际输出值与理论值之差在满刻度的 $\pm 1\%$ 以内。

3）建立时间

建立时间是 D/A 转换器的一个重要性能参数，是指当输入的数字量发生满刻度变化时，输出模拟信号达到满刻度值的 $\pm 1/2$LSB 所需的时间，是描述 D/A 转换器转换速率的一个动态指标。

一般而言，电流输出型 D/A 转换器的建立时间短。电压输出型 D/A 转换器的建立时间主要决定于运算放大器的响应时间。根据建立时间的长短，可以将 D/A 转换器分成超高速（小于 $1\,\mu s$）、高速（$1\sim 10\,\mu s$）、中速（$10\sim 100\,\mu s$）、低速（大于等于 $100\,\mu s$）4 档。

4）温度灵敏度

温度灵敏度是指输入数字不变的情况下，模拟输出信号随温度的变化。一般 D/A 转换器的温度灵敏度为 $\pm 50\times 10^{-6}/℃$。

5）精度

精度是指在整个刻度范围内，任一输入数码所对应的模拟量的实际输出值与理论值之间的最大误差，是由 D/A 转换器的增益误差（当输入数码为全 1 时，实际输出值与理想输出值之差）、零点误差（数码输入为全零时，D/A 转换器的非零输出值）、非线性误差和噪声等引起的。精度（即最大误差）应小于 1 个 LSB。

D/A 转换器的转换精度与 D/A 转换器的集成芯片的结构和接口电路配置有关。如果不考虑其他 D/A 转换器的转换误差，D/A 转换器的转换精度就是分辨率的大小，因此要获得高精度的 D/A 转换器的转换结果，首先要保证选择有足够分辨率的 D/A 转换器。同时，D/A 转换器的转换精度还与外接电路的配置有关，当外接电路的器件或电源误差较大时，会造成较大的 D/A 转换器的转换误差，当这些误差超过一定限度时，D/A 转换器转换就会产生错误。在 D/A 转换器转换的过程中，影响转换精度的主要因素有失调误差、增益误差、非线性误差和微分非线性误差。

3. D/A 转换器的分类

D/A 转换器的内部电路构成无太大差异，一般按输出是电流还是电压、能否做乘法运算等进行分类。

1）电压输出型 D/A 转换器

有的电压输出型 D/A 转换器虽然可直接从电阻阵列输出电压，但一般采用内置输出放大器以低阻抗输出：直接输出电压的器件仅用于高阻抗负载。由于无输出放大器部分的延迟，故常作为高速 D/A 转换器使用。

2）电流输出型 D/A 转换器

电流输出型 D/A 转换器很少直接利用电流输出，大多外接电流/电压转换电路得到电压输出。电流/电压转换有两种方法:一种只在输出引脚上接负载电阻而进行电流-电压转换;另一种是外接运算放大器。用负载电阻进行电流-电压转换的方法,虽可在电流输出引脚上出现电压,但必须在规定的输出电压范围内使用,而由于输出阻抗高,所以一般外接运算放大器使用。此外,当输出电压不为零时,大部分 CMOS D/A 转换器不能正常工作,所以必须外接运算放大器。

当外接运算放大器进行电流-电压转换时,电路构成基本上与内置放大器的电压输出型相同,这是由于在 D/A 转换器的电流建立时间上加入了运算放大器的延迟,响应速度变慢。此外,这种电路中,运算放大器因输出引脚的内部电容而容易起振,有时必须进行相位补偿。

3) 乘算型 D/A 转换器

D/A 转换器中有使用恒定基准电压的,也有在基准电压输入上加交流信号的。后者由于能得到数字输入和基准电压输入相乘的结果而输出,因而称为乘算型 D/A 转换器。乘算型 D/A 转换器不仅可以进行乘法运算,而且可以作为使输入信号数字化衰减的衰减器及对输入信号进行调制的调制器使用。

7.1.2 D/A 转换芯片 DAC0832

1. DAC0832 芯片的内部结构及引脚功能

DAC0832 是 8 位分辨率的电流输出型 D/A 转换器集成芯片,电流稳定时间为 $1\ \mu s$,功耗为 20 mW,具有价格低廉、接口简单、转换控制容易等优点,在单片机应用系统中得到了广泛应用。DAC0832 主要由 8 位输入寄存器、8 位 D/A 转换寄存器、8 位 D/A 转换器及转换控制电路构成,其内部结构和引脚如图 7-2 所示。

DAC0832 具有双缓冲功能,输入数据可分别经过两步保存。第一个是 8 位输入寄存器,第二个是 8 位 D/A 转换寄存器,与 8 位 D/A 转换器相连。当输入寄存器门控端LE1输入为逻辑 1 时,接收的 8 位数字量进入 8 位 D/A 转换寄存器;而当$\overline{LE1}$输入为逻辑 0 时,数据被锁存在输入寄存器中。8 位 D/A 转换寄存器由门控端$\overline{LE1}$的输入信号决定是将接收的 8 位数字信号锁存还是传输到 8 位 D/A 转换器中进行转换。

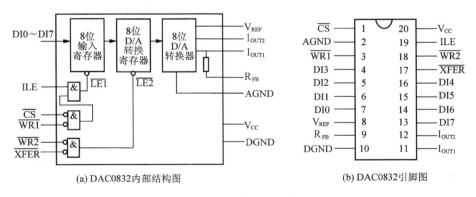

(a) DAC0832内部结构图   (b) DAC0832引脚图

图 7-2　DAC0832 芯片的内部结构与引脚图

DAC0832 有一组 8 位数据线 DI0～DI7,用于输入数字量。一对模拟输出端 I_{OUT1} 和 I_{OUT2} 用于输出与输入数字量成正比的电流信号,一般外部连接由运算放大器组成的电流/电压转换电路。转换器的基准电压输入端 V_{REF} 一般在 $-10\sim+10$ V 范围内。

DAC0832 共有 20 个引脚,各引脚功能说明如下。

DI0~DI7:8 位数据输入线,TTL 电平,有效时间应大于 90 ns(否则锁存器的数据会出错)。

ILE:数据锁存允许控制信号输入线,高电平有效。

$\overline{CS}$:片选信号输入线(选通数据锁存器),低电平有效。

$\overline{WR1}$:数据锁存器写选通输入线,负脉冲(脉宽应大于 500 ns)有效。由 ILE、$\overline{CS}$、$\overline{WR1}$ 的逻辑组合产生 $\overline{LE1}$,当 $\overline{LE1}$ 为高电平时,数据锁存器状态随输入数据线变换,$\overline{LE1}$ 负跳变时将输入数据锁存。

$\overline{XFER}$:数据传输控制信号输入线,低电平有效,负脉冲(脉宽应大于 500 ns)有效。

$\overline{WR2}$:8 位 D/A 转换寄存器选通输入线,负脉冲(脉宽应大于 500 ns)有效。由 $\overline{WR2}$、$\overline{XFER}$ 的逻辑组合产生 $\overline{LE2}$。当 $\overline{LE2}$ 为高电平时,8 位 D/A 转换寄存器的输出随寄存器的输入而变化,$\overline{LE2}$ 负跳变时将数据锁存器的内容放入 8 位 D/A 转换寄存器并开始 D/A 转换。

I_{OUT1}:电流输出端 1,其值随 8 位 D/A 转换寄存器的内容线性变化。

I_{OUT2}:电流输出端 2,其值与 I_{OUT1} 值之和为一常数(通过所有模拟开关的总电流值)。

R_{FB}:片内反馈电阻引出线,反馈电阻被制作在芯片内,可与外接的运算放大器配合构成电流/电压转换电路。

V_{CC}:电源输入端,V_{CC} 的范围为 $+5\sim+15$ V。

V_{REF}:基准电压输入线,V_{REF} 的范围为 $-10\sim10$ V。

AGND:模拟信号地。

DGND:数字信号地。

2. DAC0832 的工作方式

根据对 DAC0832 的数据寄存器和 D/A 转换寄存器不同的控制方式,DAC0832 有 3 种工作方式,即直通方式、单缓冲方式和双缓冲方式。

1)直通方式

当 ILE 接高电平,$\overline{CS}$、$\overline{WR1}$、$\overline{WR2}$ 和 $\overline{XFER}$ 都接数字信号地时,DAC0832 处于直通方式,8 位数字量一旦到达 DI0~DI7 输入端,就会直接传输到 D/A 转换器,被立即转换成模拟量并通过输出端输出。在 D/A 实际连接中,要注意区分"模拟信号地"和"数字信号地"的连接,为了避免信号串扰,数字量部分最好连接到数字信号地,而模拟量部分最好连接到模拟信号地。这种方式一般用于不采用微机的控制系统中。

2)单缓冲方式

单缓冲方式是将一个锁存器置于缓冲方式,另一个锁存器置于直通方式,输入数据经过一级缓冲送入 D/A 转换器。例如,把 $\overline{WR2}$ 和 $\overline{XFER}$ 都接地,使 D/A 转换寄存器处于直通状态,ILE 接 $+5$ V,$\overline{WR1}$ 接单片机的 $\overline{WR}$ 端口,$\overline{CS}$ 接端口地址译码信号,这样 CPU 可执行一条向外部 RAM 写指令,使 $\overline{CS}$ 和 $\overline{WR1}$ 有效,写入数据并立即启动 D/A 转换。

3)双缓冲方式

双缓冲方式即数据通过两个寄存器锁存后再送入 D/A 转换电路,执行两次写操作才能完成一次 D/A 转换。这种方式可在 D/A 转换的同时,进行下一个数据的输入,以提高转换速度。这种方式一般适用于系统中含有两片及以上的 DAC0832,且要求同时输出多个模拟量的场合。

7.1.3 DAC0832 与 51 系列单片机的接口电路

DAC0832 采取不同的工作方式,51 系列单片机与 DAC0832 的接口方式也有所不同。下面分别对 DAC0832 的 3 种工作方式进行说明。

【例 7-1】 令 DAC0832 在直通方式下输出三角波,三角波的最高电压为 5 V,最低电压为 0 V。

根据对直通方式的描述,此时,应令 ILE 接 +5 V 高电平,$\overline{CS}$、$\overline{WR1}$、$\overline{WR2}$ 和 $\overline{XFER}$ 接地,以令 $\overline{LE1}$ 和 LE2 始终处于高电平输入状态,因此电路设计应如图 7-3 所示。

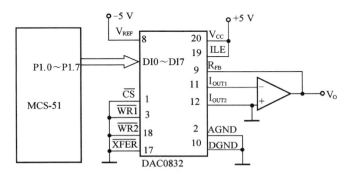

图 7-3 DAC0832 直通方式与单片机接口电路

根据题意,要求输出波形变化范围为 0～5 V,为单极性电压输出,因此这里的参考电压选择 -5 V 即可,同时使用一个运算放大器将输出电流转换为输出电压,令输出数字量从 00H～FFH 依次变化。在三角波上升部分,从 00H 起加 1,直到 FFH;在三角波下降部分,从 FFH 起减 1,直到 00H。具体程序代码如下。

```
#include < reg51.h>
unsigned char a=0;
void Delay();                         //延时子程序
main()
{
    bit Flag=0;                       //设置递增、递减标志位
    while(1)
    {
        P1=a;                         //将待转换数字量通过 P1 口输出
        if((a==255)|(a==0))
            Flag=~ Flag;              //标志位取反
        if(Flag==1)   a++;           //数字量加 1
        else   a--;                   //数字量减 1
        Delay();                      //延时以等待转换完成
    }
}

void Delay()                          //延时程序
```

```
    {
        int i;
        for(i=0;i< 50;i++);
    }
```

需要注意的是,虽然 DAC0832 属于电流输出型 D/A 转换器,转换建立时间短,但在本例中需要将电流输出转换为电压输出,因此转换建立时间还包括外接运算放大器的响应时间。在进行程序设计时,必须加入一段延时程序,以保证每次输出的数字量转换完毕。

【例 7-2】 令 DAC0832 在单缓冲工作方式下输出锯齿波,如图 7-4 所示。

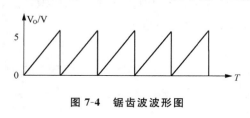

图 7-4 锯齿波波形图

根据对单缓冲方式的描述,满足题意有两种情况:一种是令输入寄存器锁存,D/A 转换寄存器直通;另一种是令输入寄存器直通而 D/A 转换寄存器锁存。这里采用第一种情况,即令 ILE、$\overline{CS}$ 及 $\overline{WR1}$ 处于控制状态,而 $\overline{WR2}$ 和 $\overline{XFER}$ 直接接地。为了减少控制线条数,可使 ILE 一直处于高电平状态,只控制 $\overline{CS}$ 及 $\overline{WR1}$。

利用单片机的地址/数据复用端口 P0 输出需转换的数字量,高 8 位地址线输出端口的最高位 P2.7 端口控制 $\overline{CS}$,单片机的外部数据 RAM 写脉冲端口 $\overline{WR}$ 控制 $\overline{WR1}$。进行程序设计时,可以设置一个外部数据地址,令该地址最高位为 0。当 CPU 向该外部数据地址写入数据时,首先通过 P0 口及 P2 口分别输出该数据的低 8 位地址及高 8 位地址,此时 $\overline{CS}$ 端口输入信号由高电平变为低电平;接着由 P0 口输出待写数据,同时写脉冲端口 $\overline{WR}$ 输出信号由高电平变为低电平,令 $\overline{WR1}$ 有效,使得 DAC0832 输入寄存器由锁存状态转变为直通状态并启动转换。当数据写入完毕后,P0 口与 P2 口恢复原状态,而 $\overline{WR}$ 输出信号也恢复为高电平,使输入寄存器重新锁存。具体程序代码如下。

```
#include < reg51.h>
#include < stdio.h>
#define DAC0832Addr 0x7FFF          //DAC0832 地址
#define uchar unsigned char
#define uint unsigned int
void TransformData(uchar c0832data);   //转换数据子程序
void Delay();                       //延时子程序
main()
{
    uchar cDigital=0;               //待转换的数字量
    while(1)
    {
        TransformData(cDigital);    //进行 D/A 转换
        cDigital++;                 //数字量加 1
        Delay();                    //调用延时程序以等待转换完毕
    }
}
```

```
void TransformData(uchar c0832data)          //向 DAC0832 输出待转换数字量 c0832data
{
    * ((uchar xdata * )DAC0832Addr)=c0832data;
    //将 DAC0832Addr 变量转换成 uchar 型的指针,并将变量 c0832data 存放在 DAC0832Addr
      这个地址指向的存储空间里
}

void Delay()                                  //延时程序
{
    uint i;
    for(i=0;i< 50;i++);
}
```

【例 7-3】　令 51 系列单片机控制 DAC0832 输出产生两种方波,如图 7-5 所示。

从图 7-5 可看出,V_{O1} 是单极性的方波,V_{O2} 是双极性的方波,且两者周期相同、跳变时间相同,因此这里需要使用两个 DAC0832,一个为单极性输出,另一个为双极性输出,并且两者输出波形同步。为了满足要求,必须令两个 DAC0832 都工作在双缓冲方式下,并设置 3 个外部数据地址。第一个地址作为第一片 DAC0832 的片选信号,将 V_{O1} 的待转换数字量锁存入数据锁存器;第二个地址作为第二片 DAC0832 的片选信号,将 V_{O2} 的待转换数字量锁存入数据锁存器;第三个地址作为同时打开两片 DAC0832 的 8 位 D/A 转换寄存器的控制信号,令两个DAC0832 同时启动转换,以便使 V_{O1} 及 V_{O2} 输出同步。电路设计如图 7-6 所示。

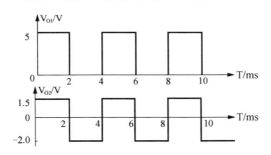

图 7-5　方波波形图

在图 7-6 中,第一片 DAC0832 的参考电压为 -5 V,输出使用一个运算放大器 A1 将输出电流转换为输出电压。根据运算放大器的虚短、虚断特性,可知其输出电压范围为 $0\sim5$ V,满足 V_{O1} 输出要求。第二片 DAC0832 的参考电压为 2.5 V,输出使用两个运算放大器 A2 和 A3进行电压转换。由运算放大器的特性可知,当输入数字量从 00H 逐渐变为 FFH 时,运算放大器 A2 的输出电压从 0 V 逐渐变为 -2.5 V;运算放大器 A3 在外接电源 V_R 的影响下,输出范围从 -2.5 V 逐渐变为 2.5 V,但题目要求 V_{O2} 产生方波的电压范围为 $-2.0\sim+1.5$ V,根据数字量与模拟量的比例关系,$(V_1-V_2)/FFH=(V_x-V_2)/D_x$,其中 V_1 为上限范围电压,等于 $+2.5$ V;V_2 为下限范围电压,等于 -2.5 V;V_x 为待输出电压值,D_x 为待转换数字量,可计算出 1.5 V 对应的数字量等于 CDH,-2.0 V 对应的数字量等于 1AH。

利用定时/计数器 T0 进行定时,以进行周期跳变,其具体程序代码如下。

```
#include < reg51.h>
```

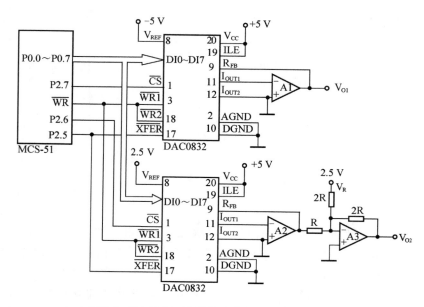

图 7-6 DAC0832 双缓冲方式与单片机接口电路

```
#define DAC083201Addr 0x7FFF              //第一片 DAC0832 地址
#define DAC083202Addr 0xBFFF              //第二片 DAC0832 地址
#define DAC0832Addr   0xDFFF              //转换时写入地址
#define uchar unsigned char               //uchar 代表单字节无符号数
void WriteToChip1(uchar c0832data);       //选择第一片 DAC0832 并输入数字量
void WriteToChip2(uchar c0832data);       //选择第二片 DAC0832 并输入数字量
void TransformData(uchar c0832data);      //令两片 DAC0832 启动 D/A 转换
uchar cDigital1=0;                        //芯片 1 待转换数字量
uchar cDigital2=0;                        //芯片 2 待转换数字量
uchar a;
bit flag=1;
main()
{
    TMOD=0X02;                            //令 T0 工作在方式 2
    EA=1;                                 //开启全局中断
    ET0=1;                                //开启定时器 0 中断
    TL0=0X38;
    TH0=0X38;                             //设置定时器初值,令定时时间为 200 μs
    TR0=1;                                //开启定时计数
    while(1);
}

void t0() interrupt  1
{
    a++;
    if(a==10)
    {
```

```
            a=0;
            flag=~ flag;
            if(flag==0)
            {
                cDigital1=0XFF;
                cDigital2=0XCD;
                WriteToChip1(cDigital1);        //向芯片 1 写入数据
                WriteToChip2(cDigital2);        //向芯片 2 写入数据
                TransformData(0x00);            //开始转换
            }
            if(flag==1)
            {
                cDigital1=0X00;
                cDigital2=0X1A;
                WriteToChip1(cDigital1);        //向芯片 1 写入数据
                WriteToChip2(cDigital2);        //向芯片 2 写入数据
                TransformData(0x00);            //开始转换
            }
        }
    }
void WriteToChip1(uchar c0832data)
{
    * ((uchar xdata * )DAC083201Addr)=c0832data;
    //向 DAC0832 芯片 1 写入数据
}
void WriteToChip2(uchar c0832data)
{
    * ((uchar xdata * )DAC083202Addr)=c0832data;
    //向 DAC0832 芯片 2 写入数据
}
void TransformData(uchar c0832data)
{
    * ((uchar xdata * )DAC0832Addr)=c0832data;
    //启动转换
}
```

每通过 T0 定时 2 ms 之后,CPU 向第一个外部数据地址写入数据,先发送地址信号,令第一片 DAC0832 的 $\overline{CS}$ 端口输入信号由高电平变为低电平;写入数据后,$\overline{WR}$ 输出信号由高电平变为低电平,令 $\overline{WR1}$ 有效,使得第一片 DAC0832 输入寄存器由锁存状态转变为直通状态并将待转换数字量传输送入 D/A 转换寄存器。接着 CPU 向第二个外部数据地址写入数据时,依次令第二片 DAC0832 的 $\overline{CS}$ 端口及 $\overline{WR1}$ 端口的输入信号由高电平变为低电平,使待转换数字量传输送入第二片 DAC0832 的 D/A 转换寄存器。最后向第三个外部数据地址写入数据,使两片 DAC0832 的 $\overline{XFER}$ 和 $\overline{WR2}$ 依次由高电平变为低电平,同时选通 D/A 转换寄存器并启动转换,令两片 DAC0832 输出周期相同、电压不同的方波信号。

7.2 A/D 转换芯片

7.2.1 A/D 转换器

模/数转换器即 A/D 转换器,简称 ADC,用于将模拟信号转变为数字信号。由于数字信号本身不具有实际意义,仅仅表示一个相对大小。因此每个 A/D 转换器都需要一个参考模拟量作为转换的标准,一般使用最大的可转换信号值作为参考标准。转换输出的数字量则表示输入信号相对于参考信号的大小,且应满足比例关系式 $Dx/FFH = (V_i - V_{min})/(V_{max} - V_{min})$ (这里假设 A/D 转换器为模拟电压/8 位数字量转化)。其中,Dx 为转换输出数字量,V_i 为待转换电压,V_{max} 和 V_{min} 分别为待转换电压的最大值及最小值。

1. A/D 转换原理

A/D 转换一般要经过采样、保持、量化及编码 4 个过程。通常采样、保持使用一种采样保持电路来完成,而量化和编码则在转换过程中实现。

A/D 转换器的种类很多,按照转换方法主要分为 3 种:并联比较型、双积分型及逐次逼近型。其中,并联比较型的特点是转换速度快,但精度不高;双积分型的特点是精度较高,抗干扰能力强,价格低,但转换速度慢;逐次逼近型的特点是转换精度高,速度较快,在单片机系统中使用较多。这里主要介绍逐次逼近型的 A/D 转换原理。

逐次逼近型 A/D 转换器一般由顺序脉冲发生器、逐次逼近寄存器、A/D 转换器和电压比较器等组成,其原理框图如图 7-7 所示。

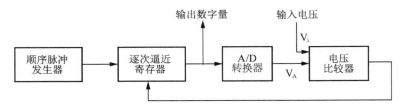

图 7-7 逐次逼近型 A/D 转换器的原理框图

转换开始,顺序脉冲发生器输出的顺序脉冲首先将寄存器的最高位置 1,经 A/D 转换器转换为相应的模拟电压 V_A 送入电压比较器与待转换的输入电压 V_i 进行比较,若 $V_A > V_i$,说明数字量过大,将最高位的 1 除去,而将次高位置 1。若 $V_A < V_i$,说明数字量还不够大,将最高位的 1 保留,并将次高位置 1,这样逐次比较下去,一直到最低位为止。寄存器的逻辑状态就是对应于输入电压 V_i 的输出数字量。

例如,对 157 mV 电压值进行 8 位 A/D 转换。假设转换电压范围为 0~255 mV,根据转换比例关系式 $Dx/FFH = (V_i - V_{min})/(V_{max} - V_{min})$ 可得 $Dx = V_i - V_{min}$,则转换过程如表 7-1 所示。

表 7-1 逐次逼近型 A/D 转换过程

顺 序	数 字 量	比 较 判 别	该位是否保留
1	1000 0000	128 < 157	保留

顺　　　序	数　字　量	比　较　判　别	该位是否保留
2	1100 0000	192＞157	不保留
3	1010 0000	160＞157	不保留
4	1001 0000	144＜157	保留
5	1001 1000	152＜157	保留
6	1001 1100	156＜157	保留
7	1001 1110	158＞157	不保留
8	1001 1101	157＝157	保留

综上,根据逐次逼近法转换得出的8位数字量应为9DH。

2. A/D转换器的主要性能参数

A/D转换器的性能参数主要有以下几个方面。

1) 分辨率

分辨率表明了A/D转换器对模拟信号的分辨能力,是指A/D转换器输出数字量的最低位变化一个数码时,对应输入模拟量的变化量。通常以A/D转换器输出数字量的位数表示分辨率的高低。一般而言,A/D转换器的位数越多,分辨率越高。因为位数越多,量化单位就越小,对输入信号的分辨能力也就越高。例如,输入模拟电压满量程为10 V,若用8位A/D转换器转换时,其分辨率为$10 \text{ V}/2^8 \approx 39 \text{ mV}$,10位的A/D转换器的分辨率约是9.77 mV,而12位的A/D转换器为2.44 mV。常用的A/D转换器的位数通常为8位、10位、12位、16位等。

2) 量化误差

量化误差表示A/D转换器实际输出的数字量与理论上的输出数字量之间的差别。通常以输出误差的最大值形式给出。由于整量化产生固有误差,量化误差常用LSB的倍数表示,通常在±1/2 LSB之间。例如,一个8位的A/D转换器把输入电压信号分成256(2^8)层,若其量程为0~5 V,那么,量化单位q为

$$q = 5.0 \text{ V}/2^8 \approx 0.0195 \text{ V} = 19.5 \text{ mV}$$

q正好是A/D转换器输出数字量中LSB=1时所对应的电压值。因此,这个量化误差的绝对值是转换器的分辨率和满量程范围的函数。

3) 转换时间

转换时间是指A/D转换器从接收到转换控制信号开始,到输出端得到稳定的数字量为止所需要的时间,即完成一次A/D转换所需的时间。采用不同的转换电路,其转换速度是不同的,并联比较型的转换速度比逐次逼近型的要快得多。一般转换速度越快越好,低速A/D转换器的转换时间为1~30 ms,中速A/D转换器的转换时间在50 μs左右,高速A/D转换器的转换时间在50 ns左右。

7.2.2　A/D转换芯片ADC0809

1. ADC0809芯片的内部结构及引脚功能

ADC0809是逐次逼近型8位A/D转换器,可以和单片机直接接口。其供电电压为5 V,时钟频率为640 kHz,转换时间为100 μs,模拟量输入电压范围为0~5 V,功耗约为15 mW。

ADC0809 的内部结构及引脚分配如图 7-8 所示。

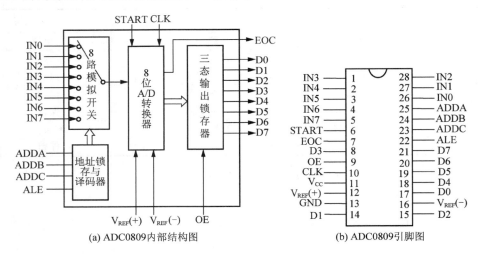

(a) ADC0809内部结构图　　　　(b) ADC0809引脚图

图 7-8　ADC0809 的内部结构与引脚图

由图 7-8 可知,ADC0809 由 1 个 8 路模拟开关、1 个地址锁存与译码器、1 个 8 位 A/D 转换器和 1 个三态输出锁存器组成。多路开关可选通 8 个模拟通道,允许 8 路模拟量分时输入。地址锁存与译码器控制模拟开关进行通道的选择。8 位 A/D 转换器为芯片的核心,用于实现模拟量的数字转换,并将转换结果放入三态输出锁存器。三态输出锁存器用于锁存 A/D 转换完的数字量,当 OE 端为高电平时,才可以从三态输出锁存器取走转换完的数据。由于 ADC0809 具有三态输出,因而数据线可直接挂接在 CPU 数据总线上。

ADC0809 转换器共有 26 个引脚,各引脚功能说明如下。

IN0～IN7:8 路模拟输入,通过 3 根地址译码线 ADDA、ADDB、ADDC 来选通一路。

D0～D7:A/D 转换后的 8 位数据输出端,D7 为最高位,D0 为最低位。

ADDA、ADDB、ADDC:地址输入线,用于选通 8 路模拟输入中的一路进入 A/D 转换。其中 ADDA 是最低位,这 3 个引脚上所加电平的编码为 000～111,分别对应 IN0～IN7,例如,当 ADDC=0,ADDB=1,ADDA=1 时,选中 IN3 通道。

ALE:地址锁存允许信号,正脉冲有效。当此信号出现上跳沿时,ADDA、ADDB、ADDC 这 3 位地址信号被送入内部地址锁存器并被锁存,译码选通对应模拟通道。使用时,该信号常和 START 信号连在一起,以便同时锁存通道地址和启动 A/D 转换。

START:A/D 转换启动信号,正脉冲有效。加于该端脉冲的上升沿使逐次逼近型寄存器清零,下降沿开始 A/D 转换,要求信号宽度大于 100 ns。如果正在进行转换时又接到新的启动脉冲,则原来的转换进程被中止,重新从头开始转换。

EOC:转换结束信号输出,高电平有效。该信号在 A/D 转换过程中为低电平,其余时间为高电平。该信号可作为 CPU 查询的状态信号,也可作为 CPU 的中断请求信号。在需要对某个模拟量不断采样、转换的情况下,EOC 也可作为启动信号反馈到 START 端,但在刚加电时需由外部电路启动。

OE:输出允许信号,高电平有效。当微处理器送出该信号时,ADC0809 的输出三态门被打开,使转换结果通过数据总线被读走。在中断工作方式下,该信号往往是 CPU 发出的中断请求响应信号。

CLK:时钟脉冲输入端,要求时钟频率不高于 640 kHz。在单片机系统中使用时一般采用 500 kHz 的频率。

$V_{REF}(+)$、$V_{REF}(-)$:正、负参考电压输入端,用于提供片内 A/D 转换器电阻网络的基准电压。在单极性输入时,$V_{REF}(-)$接 0 V 或 -5 V,$V_{REF}(+)$接 $+5$ V 或 0V;在双极性输入时,$V_{REF}(+)$、$V_{REF}(-)$分别接正、负极性的参考电压。

2. ADC0809 的工作时序

ADC0809 的工作时序如图 7-9 所示。模拟量通过通道 INx 输入,通过地址输入线 ADDA、ADDB、ADDC 选择该通道,并通过 ALE 信号锁存该地址;与 ALE 信号同时或紧随其后通过 START 启动 A/D 转换,START 的上升沿将 A/D 转换寄存器复位,随后下降沿启动转换;转换过程开始后,EOC 信号将变为低电平,以指示转换操作正在进行中,直到转换完成后 EOC 再恢复为高电平;CPU 收到变为高电平的 EOC 信号后,便立即发送 OE 信号,打开三态门,读取转换结果。

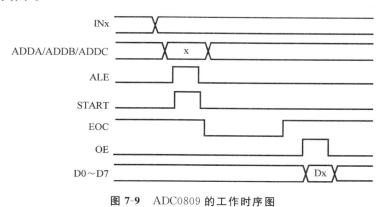

图 7-9 ADC0809 的工作时序图

7.2.3 ADC0809 与 51 系列单片机的接口电路

在设计 ADC0809 与单片机的接口时,需考虑以下几个问题。

(1) ALE 信号为启动 ADC0809 选择开关的控制信号,该控制信号可以与启动转换信号 START 同时有效。

(2) ADC0809 的 3 条地址线 ADDA、ADDB、ADDC 可以使用单片机的 3 个不作他用的 I/O 口单独控制,但此种方法占用的 I/O 口资源较多。因此一般利用 P0 口的地址/数据时分复用特性,使 P0 口在作为 ADC0809 转换的数字信号输入端的同时也控制 ADDA、ADDB、ADDC 的模拟通道选择,以节省 I/O 口资源。

(3) 若使用 P0 口作为 ADC0809 的通道选择及转换数据输入复用端口,则可利用单片机的 ALE/PROG 端口输出信号作为 ADC0809 的地址锁存信号及时钟信号。

(4) 当 A/D 转换结束时,CPU 对 A/D 转换器输出的转换结束信号的读取既可以使用查询方式,也可以使用中断方式。

【例 7-4】 假设有 3 组电压待测信号分别通过 ADC0809 的通道 0、通道 1 及通道 2 输入,根据上述分析,设计 ADC0809 与单片机的接口电路,并写出对应的中断读取程序。

根据上述分析,可将 ADC0809 与 MCS-51 单片机接口设计为如图 7-10 所示的形式。由于只有 3 组电压待测信号,且分别占据 ADC0809 的通道 0、通道 1 及通道 2,因此只需要控制 ADD0809 的 ADDA、ADDB 端口,这里使用 74LS573 作为地址输入缓冲器。为了简化电路并节约端口,可使用 6 MHz 晶振,使单片机的 ALE 端口在未访问外部存储器时输出 1 MHz 脉冲信号,进行二分频后作为 ADC0809 的时钟信号;在访问外部存储器时,ALE 端口输出丢失一个脉冲,即可作为 74LS573 的输出使能端口;配合及进行地址选通、开启转换与读取数据操作。单片机的工作时序如图 7-11 所示。

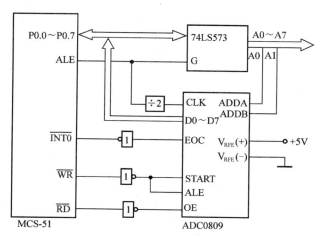

图 7-10　ADC0809 与单片机接口

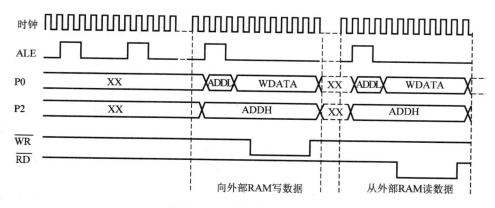

图 7-11　单片机的工作时序图

在向外部 RAM 写数据时,P0 分为两个节拍,第一个节拍发送外部地址低 8 位,第二个节拍发送待写数据,同时 WR 发送低电平。由于 ALE 在访问外部存储器时丢失一个脉冲,因此在这一阶段 74LS573 的输出数据被锁定为低 8 位地址。在第二个节拍 WR 输出低电平、取反后控制 ADC0809 的地址锁存及启动,即将 P0 在第一个节拍发送的低 8 位外部地址作为 ADC0809 的通道选择地址。

当 ADC0809 转换完毕后,EOC 出现下降沿,触发外部 0 中断,开始外部数据的读取。此时 P0 同样分为两个节拍:第一个节拍发送待读取数据的外部地址低 8 位;第二个节拍读取数据,同时 RD 发送低电平。由于地址发送及数据读取输入均依赖于 P0 口,为了避免 P0 口输出的地址信号和 ADC0809 输出的转换数据发生冲突,令$\overline{RD}$控制 ADC0809 的 OE 端,即保证单片机 P0 口的地址信号输出完毕后再打开 ADC0809 输出允许,便于 P0 口接收转换数据。根据分析,可设计程序如下。

```c
#include < reg51.h>
#include < stdio.h>
#define ADC0809CH0 0XFFC0                    //ADC0809 通道 0 地址
#define ADC0809CH1 0XFFC1                    //ADC0809 通道 1 地址
#define ADC0809CH2 0XFFC2                    //ADC0809 通道 2 地址
#define uchar unsigned char
#define uint unsigned int
uint channel=0;
uchar cDigitalData[3]=0;
void selectchannel(uint c0809addr);
uchar getresult();                          //得到转换结果
void Delay();                               //延时子程序
main()
{
    TI=1;
    EX0=1;                                   //开启外部中断 0
    EA=1;                                    //开启全局中断
    IT0=1;                                   //下降沿触发
    selectchannel(ADC0809CH0);               //选择 ADC0809 通道 0
    Delay();                                 //调用延时程序,等待转换完成
    selectchannel(ADC0809CH1);               //选择 ADC0809 通道 1
    Delay();                                 //调用延时程序,等待转换完成
    selectchannel(ADC0809CH2);               //选择 ADC0809 通道 2
    Delay();                                 //调用延时程序,等待转换完成
    while(1);
}

void int0() interrupt 0 using 0
{
    cDigitalData[channel]=getresult();      //将转换数据存入数组变量 cDigitalData
    printf("Got channel % d Result\n",channel);
    channel++;
}

void selectchannel(uint c0809addr)
{
    * ((uchar xdata * )c0809addr)=0;         //选择 ADC0809 通道,写数据 0
}
uchar getresult ()                          //读取转换数据
{
    uchar result;
```

```
    result=* ((uchar xdata * )ADC0809CH0);      //读取外部数据,地址随意安排
    return result;
}
void Delay()                                    //延时程序
{
    uint i;
    for(i=0;i< 200;i++);
}
```

需要注意的是,在向外部 RAM 写数据时,主要是利用 P0 发送的地址信号进行 ADC0809 通道选择,其发送的数据信号无任何意义,因此待写数据可随意安排;而在进行外部 RAM 数据读取时,P0 发送的地址信号无任何意义,可随意安排。这是因为本例是利用单片机在访问外部存储器的特殊工作时序时对 ADC0809 进行控制,并非真正的访问外部 RAM。若需要单片机访问外部 RAM,必须严格设置地址位及数据位。

【例 7-5】 将例 7-4 改为利用 P0 数据线进行通道选择,并通过查询方式读取转换数据。

使用 P0 数据线进行通道选择,可以去掉地址锁存器而直接利用 $\overline{WR}$ 的输出特性对 P0 口的输出数据进行锁存,硬件电路可改为如图 7-12 所示的电路。根据图 7-11,为了保证 ADC0809 开始转换时的锁存地址满足题目要求,必须令 P0 口发送的地址信号与数据信号的低 2 位应保持一致,因此源程序需更改如下。

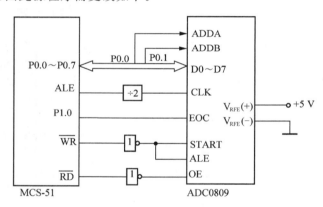

图 7-12　数据线选择通道

```
#include < reg51.h>
#include < stdio.h>
#define ADC0809CH0 0XFFC0                        //ADC0809通道 0 地址
#define ADC0809CH1 0XFFC1                        //ADC0809通道 1 地址
#define ADC0809CH2 0XFFC2                        //ADC0809通道 2 地址
#define uchar unsigned char
#define uint unsigned int
sbit P10=P1^0;                                   //位定义 P1.0
uint channel=0;
uchar cDigitalData[3]=0;
void selectchannel(uint c0809addr,uchar c0809data);
uchar getresult();                               //得到转换结果
```

```
void read();                                    //读取转换数据并输出
main()
{
    TI=1;
    selectchannel(ADC0809CH0,0);                //选择 ADC0809 通道 0
    read();                                     //读取转换数据并输出
    selectchannel(ADC0809CH1,1);                //选择 ADC0809 通道 1
    read();                                     //读取转换数据并输出
    selectchannel(ADC0809CH2,2);                //选择 ADC0809 通道 2
    read();                                     //读取转换数据并输出
    while(1);
}

void selectchannel(uint c0809addr,uchar c0809data)
{
    * ((uchar xdata * )c0809addr)=c0809data;   //选择 ADC0809 通道,发送的地址信号
                                                 与数据信号的低 2 位应保持一致
}
uchar getresult ()                              //读取转换数据
{
    uchar result;
    result=* ((uchar xdata *)ADC0809CH0);      //读取外部数据,地址随意安排
    return result;
}
void read()                                     //读取转换数据并输出
{
    while(! P10);                               //等待转换完成,转换期间 P1.0 为低电平
    cDigitalData[channel]=getresult();          //将转换数据存入数组变量 cDigitalDataK 中
    printf("Got channel % d Result\n",channel);
    channel++;
}
```

7.3 串行日历/时钟芯片

7.3.1 DS1302 芯片

DS1302 芯片(以下简称"DS1302")是 Dallas 公司生产的串行时钟芯片,内部包含 12 个与时钟/日历相关的寄存器及 31 个 RAM。实时时钟/日历电路能够提供秒、分、时、日、星期、月、年的信息,并且可以进行调整。DS1302 采用主电源和备份电源双电源供电;工作电压范围为 2.0 V～5.5 V;工作电流极小,在 2.0 V 工作电压下电流小于 300 nA;工作时功耗很低,保持数据和时钟信息时功率小于 1 mW。除此之外,DS1302 还具备涓流充电功能。因此 DS1302 广泛应用于电话机、传真机、便携式仪器及电池供电的仪器仪表中。

1. DS1302 的内部结构及引脚功能

DS1302 的内部结构及引脚分配如图 7-13 所示。

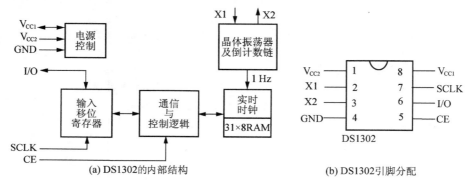

(a) DS1302的内部结构　　　　　　　　(b) DS1302引脚分配

图 7-13　DS1302 的内部结构及引脚分配图

DS1302 使用双电源供电，V_{CC1} 为主电源，V_{CC2} 为备份电源。当 V_{CC2} 大于 V_{CC1} 时，由 V_{CC2} 向 DS1302 供电；当 V_{CC2} 小于 V_{CC1} 时，由 V_{CC1} 向 DS1302 供电。

SCLK 为串行时钟输入端口，用于控制输入移位寄存器。

I/O 为三线接口时的双向数据线。

CE 是复位/片选线，具备两个功能。第一，CE 接通控制逻辑，允许地址/命令序列送入移位寄存器；第二，CE 结束单字节或多字节数据传输。当 CE 由低电平变为高电平时，所有的数据传送被初始化，允许对 DS1302 进行操作，并开始进行数据传输。如果在数据传送过程中将 CE 置为低电平，则会终止此次数据传送，因此，在读、写数据期间，CE 必须为高电平。

X1 及 X2 为外接晶体振荡器输入端，振荡频率为 32.768 kHz，通过倒计数链将 32768 Hz 的时钟信号分频为 1 Hz 的 DS1302 提供计时脉冲。

2. DS1302 的 RAM 及寄存器

DS1302 内部共有 31 个 RAM 和 12 个寄存器（1 个控制寄存器，7 个与日历、时钟直接相关的寄存器，1 个写保护寄存器，1 个慢充电寄存器及 2 个工作模式寄存器）。

1）RAM

DS1302 片内共有 31 个 RAM，地址分别为 00000～11110。其操作方式有两种：单字节操作及多字节操作。当控制命令字为 11 00000 0/1～11 11110 0/1 时，执行单字节读/写操作；当控制命令字中的地址设置为 11111 时，进入突发模式，执行多字节读/写操作，可以一次性对所有 RAM 单元进行读/写。

2）控制寄存器

DS1302 的读/写操作主要通过控制寄存器进行。控制寄存器用于存放控制命令字，通常在 DS1302 的 CE 引脚由低电平变为高电平后通过 I/O 口第一个写入，以便对读/写过程进行控制。其格式如表 7-2 所示。

表 7-2　DS1302 控制命令字格式

	D7	D6	D5	D4	D3	D2	D1	D0
功能	1	RAM/$\overline{CK}$	A4	A3	A2	A1	A0	RD/$\overline{W}$

DS1302 控制命令字的最高位 D7 固定为 1。D6 是片内 RAM 或日历/时钟寄存器选择位。当 RAM/$\overline{\text{CK}}$ 位置 1 时,对 RAM 进行读/写;当 RAM/$\overline{\text{CK}}$ 位置 0 时,对日历/时钟寄存器进行读/写。D5～D1 为地址位,用于进行片内 RAM 或日历/时钟寄存器的地址选择。D0 为读/写控制位,当 RD/$\overline{\text{W}}$ 位置 1 时,进行读操作;当 RD/$\overline{\text{W}}$ 位置 0 时,则进行写操作。

3)与日历、时钟直接相关的寄存器

DS1302 有 7 个与日历、时钟直接相关的寄存器,存放的数据格式为 BCD 码格式。其格式如表 7-3 所示。

表 7-3　与日历、时钟直接相关的寄存器格式

寄存器名称	地址	取值范围	D7	D6	D5	D4	D3	D2	D1	D0
秒寄存器	00000	00～59	CH	十位			个位			
分寄存器	00001	00～59	0	十位			个位			
小时寄存器	00010	01～12 或 00～23	12/24	0	A/P	HR	个位			
日寄存器	00011	01～31	0	0	十位		个位			
月寄存器	00100	01～12	0	0	0	1 或 0	个位			
星期寄存器	00101	01～07	0	0	0	0	个位			
年寄存器	00110	00～99	十位				个位			

以上 7 个寄存器的低 4 位都用于存放时间、日历的个位数。高 4 位功能各不相同,具体说明如下。

(1)秒寄存器及分寄存器的 D6～D4 用于存放秒或分的十位数,其中秒寄存器的最高位 CH 为时钟暂停位,CH＝1 时,时钟暂停,CH＝0 时,时钟启动;分寄存器的最高位固定为 0。

(2)小时寄存器的最高位为 12 小时制/24 小时制选择位,为 1 时选择 12 小时制,为 0 时选择 24 小时制。D6 位固定为 0。选择 12 小时制时,D5 位 A/P 为上午或下午的表示位,当 A/P 位置 1 时,表示上午,当 A/P 位置 0 时,表示下午,D6 位为小时的十位数;选择 24 小时制时,D5 位及 D4 位为小时的十位数,D3～D0 表示小时的个位数。

(3)根据日、月、星期及年的取值范围,其十位最大取值分别为 3、1、0 及 9,因此需要 2 个、1 个、0 个及 4 个数据位来表示,其他位定为 0。

4)写保护寄存器

写保护寄存器的格式如表 7-4 所示,其中 WP 为写保护位。当 WP 位置 1 时,写保护,此时无法对时间/日历寄存器或 RAM 进行写操作;当 WP 位置 0 时,未写保护,可以进行写操作。因此,在对时间/日历寄存器或 RAM 进行读操作时,一般将 WP 位置 1;而在进行写操作时,必须将 WP 清零。

表 7-4　写保护寄存器格式

寄存器名称	地址	D7	D6	D5	D4	D3	D2	D1	D0
写保护寄存器	00111	WP	0	0	0	0	0	0	0

5)慢充电寄存器

DS1302 具备涓流充电功能,可通过 V_{CC1} 进行涓流充电,备用电源可采用电池或者超级电

容(0.1 F 以上),如果断电时间较短(几小时或几天)时,可以用漏电较小的普通电解电容器代替。例如,100 μF 可保证 1 小时的正常走时。DS1302 的内部充电电路结构如图 7-14 所示,其充电特性由慢充电寄存器控制。

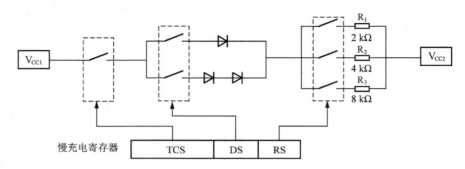

图 7-14　DS1302 的内部充电电路结构

慢充电寄存器格式如表 7-5 所示,其中 TCS 为慢充电选择控制位,只有当 TCS 为"1010"时,才能使慢充电工作。DS 为二极管选择位,当 DS 为"01"时,选择一个二极管;当其为"10"时,选择两个二极管;当其为"11"或"00"时,充电器被禁止,TCS 选择无效。RS 为电阻选择位,用于选择连接在 V_{CC1} 和 V_{CC2} 之间的电阻,具体选择情况如表 7-6 所示。其中,当 RS 为"00"时,充电器被禁止,TCS 选择无效。

表 7-5　慢充电寄存器格式

寄存器名称	地址	D7	D6	D5	D4	D3	D2	D1	D0
慢充电寄存器	01000	TCS	TCS	TCS	TCS	DS	DS	RS	RS

表 7-6　慢充电寄存器 RS 位的格式

RS 位	电　阻　器	阻　　值
00	无	无
01	R1	2 kΩ
10	R2	4 kΩ
11	R3	8 kΩ

6)工作模式寄存器

DS1302 有两个工作模式寄存器:时钟突发寄存器及 RAM 突发寄存器,地址均为"11111",它们均不能读/写。突发模式指的是一次性顺序读/写操作,即多字节操作方式。例如,根据控制命令字的格式,若输入控制命令"10 11111 1",则接下来将对 7 个与日历、时钟直接相关的寄存器和写保护寄存器按地址顺序进行读操作,此时慢充电寄存器无法访问;若输入控制命令"11 11111 0",则接下来将对 RAM 的所有 31 个单元进行写操作。

3. DS1302 的数据传输过程

DS1302 主要通过 CE 引脚驱动数据传输过程。当 CE 由低电平变为高电平时,启动数据传输,在 SCLK 时钟的控制下,首先将控制命令字从最低位开始在每个 SCLK 上升沿依次输入 DS1302;8 个 SCLK 周期后,在下一个 SCLK 时钟的控制下根据命令字指令进行数据传输,输入数据 SCLK 时钟的上升沿有效,而输出数据 SCLK 时钟的下降沿有效。需要注意的是,第一位输出是在最后一位控制指令所在脉冲的下降沿发生的。

如果是单字节写操作,即向 DS1302 输入,在该字节输入完毕后,当出现额外 SCLK 上升沿时,则将其忽略。如果是单字节读操作,即从 DS1302 输出,在该字节输出完毕后,只要 CE 保持高电平,且有额外的 SCLK 下降沿,则将重新发送数据字节。如果是多字节操作,则在命令字传输完毕后,从地址低位到高位按顺序对 8 个寄存器或 31 个 RAM 进行读/写。

DS1302 进行数据传输时,无论是输入还是输出,都是低位在前、高位在后,每一位的读/写都发生在 SCLK 时钟的上升沿或下降沿。另外,在 CE 由低电平变为高电平时,SCLK 必须保持低电平。DS1302 的数据传输时序如图 7-15 所示。

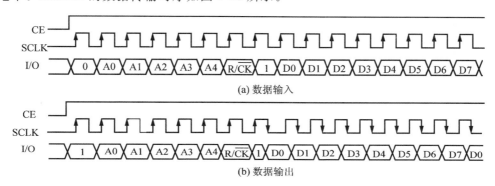

图 7-15 DS1302 的数据传输时序图

7.3.2 DS1302 与 51 系列单片机的接口电路

DS1302 与 51 系列单片机的接口电路如图 7-16 所示。这里使用 51 单片机的 P3.5、P3.6 及 P3.7 引脚连接 DS1302 的 SCLK、I/O 及 CE 端口,并对 DS1302 进行控制。

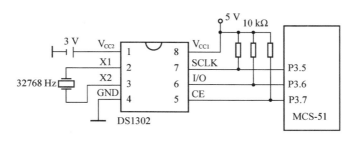

图 7-16 DS1302 与 51 系列单片机的接口电路

根据 DS1302 的数据传输时序,在进行数据传输前,需将 CE 及 SCLK 清零;随后将 CE 位置 1,并令 SCLK 逐次出现上升沿或下降沿,以便数据通过 I/O 口逐位输入或输出;数据传输完毕后,可将 SCLK 及 CE 再次清零。

【例 7-6】 根据图 7-17 所示的电路连接,将 DS1302 中的日历/时间寄存器初始化为 2012 年 10 月 22 日星期一 13:00:00,延时一段时间后分别读取年、月、日、星期及时间。

根据题目要求,既需对 DS1302 进行写操作,又需对 DS1302 进行读操作。根据 DS1302 读/写传输时序,需要注意在传输数据前,若是写操作,则需要先向 I/O 口写数据,再产生上升沿,以保证新数据输入;若为读操作,则需要先产生下降沿,再通过 I/O 口读取数据,以保证读取的数据为 DS1302 新输出的数据。

根据分析,源程序代码可设计如下。

```
#include < reg51.h>
#include < stdio.h>
sbit SCLK=P3^5;                            //DS1302 时钟信号
sbit DIO=P3^6;                             //DS1302 数据信号
sbit CE=P3^7;                              //DS1302 片选
unsigned char year,day,month, date,hour,min,sec;
//发送子程序中的地址、数据
void Write1302(unsigned char addr,dat)
{
    unsigned char i,temp;
    CE=0;                                  //CE 引脚为低,数据传输中止
    SCLK=0;                                //时钟总线清零
    CE=1;                                  //CE 引脚为高电平,逻辑控制有效
                                           //发送地址
    for(i=0;i< 8;i++)                      //循环 8 次移位
    {
        SCLK=0;
        temp=addr;
        DIO= (bit)(temp&0x01);             //每次传输最低位
        addr> > =1;                        //右移一位
        SCLK=1;                            //产生 SCLK 上升沿
    }
    //发送数据
    for(i=0;i< 8;i++)
    {
        SCLK=0;
        temp=dat;
        DIO= (bit)(temp&0x01);
        dat> > =1;
        SCLK=1;
    }
    CE=0;
}
//读取子程序数据
unsigned char Read1302(unsigned char addr)
{
    unsigned char i,temp,da,dat1,dat2;
    CE=0;
    SCLK=0;
    CE=1;
    //发送地址
```

```
        for(i=0;i< 8;i++)                       //循环 8 次移位
        {
            SCLK=0;
            temp=addr;
            DIO=(bit)(temp&0x01);                //每次传输最低位
            addr> > =1;                          //右移一位
            SCLK=1;
        }
                                                 //读取数据
        for(i=0;i< 8;i++)
        {
            SCLK=0;                              //产生 SCLK 下降沿
            if(DIO) da|=(0x01< < i);
            SCLK=1;
        }
        CE=0;
        dat1=da;
        dat2=dat1/16;                            //数据进制转换
        dat1=dat1% 16;                           //十六进制转换成十进制
        dat1=dat1+ dat2* 10;
        return(dat1);
}
void delay()
{
    unsigned int x,y;
    for(x=0;x< 5000;x++)                         //循环 8 次移位
    for(y=0;y< 5000;y++);
}
void main()
{
    Write1302(0x8e,0x00);                        //禁止写保护
    Write1302(0x90,0x00);                        //禁止慢充电
    Write1302(0x8c,0x12);                        //初始化年
    Write1302(0x8a,0x01);                        //初始化星期
    Write1302(0x88,0x10);                        //初始化月
    Write1302(0x86,0x22);                        //初始化日
    Write1302(0x84,0x13);                        //初始化时
    Write1302(0x82,0x00);                        //初始化分
    Write1302(0x80,0x00);                        //初始化秒
    Write1302(0x8e,0x80);                        //写保护
    delay();
    year=Read1302(0x8d);
    day=Read1302(0x8b);
    month=Read1302(0x89);
    date=Read1302(0x87);
```

```
    hour=Read1302(0x85);
    min=Read1302(0x83);
    sec=Read1302(0x81);
    while(1);
    }
```

7.4　数字温度传感器

7.4.1　DS18B20 芯片

DS18B20 是美国 Dallas 公司生产的"一线总线"接口数字温度传感器,内部使用了 On-Board 技术,所有传感元器件及转换电路集成在一个晶体管形状的集成电路中。其主要特性如下。

(1) 适应电压范围大,电压范围为 3.0 V~5.0 V,在寄生电源方式下可由数据线供电。

(2) 单线接口方式,DS18B20 与微处理器之间只需要一条信号线即可进行双向通信。

(3) 支持多点组网功能,多个 DS18B20 可以并联在唯一的一条信号线上实现组网多点测温。

(4) DS18B20 在使用时不需要任何外围元件。

(5) 温度测量范围为 −55 ℃~+125 ℃,在 −10 ℃~+85 ℃ 范围时精度为 ±0.5 ℃。

(6) 可编程分辨率为 9~12 位,对应的可分辨温度为 0.5 ℃、0.25 ℃、0.125 ℃ 和 0.0625 ℃,可实现高精度测温。

(7) 转换时间快,在 9 位分辨率时最多需要 93.75 ms 将温度转换为数字,在 12 位分辨率时最多需要 750 ms。

(8) 测量结果直接以串行方式输出数字温度信号,同时可传送 CRC 校验码,抗干扰能力及纠错能力强。

(9) 用户可自行设定非易失性报警的上限值、下限值。

(10) 电源极性接反时,芯片不会烧毁,但不能正常工作。

1. DS18B20 的内部结构及引脚功能

DS18B20 的内部结构及封装形式如图 7-17 所示。

DS18B20 的封装形式主要有两种:8 脚 SOIC 封装及 3 脚 TO-92 小体积封装,如图 7-17 (b)所示。其引脚安排简单,GND 为电源地;DQ 为数字信号输入/输出端;V_{DD} 为外接供电电源输入端口,当选择寄生电源接线方式时接地。

2. DS18B20 的工作原理

DS18B20 的工作原理如图 7-18 所示。图中,低温度系数晶体振荡器的振荡频率几乎不受温度的影响,用于产生计数器 1 的计数脉冲输入信号。高温度系数晶振的振荡频率受温度变化而变化,用于产生计数器 2 的计数脉冲输入信号。当温度不同时,计数器 2 的计数频率发生

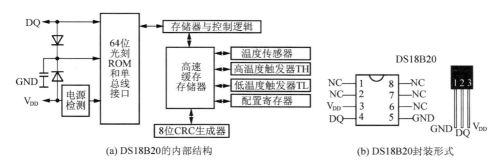

(a) DS18B20 的内部结构　　　　(b) DS18B20 封装形式

图 7-17　DS18B20 的内部结构及封装形式

较大变化,此时可根据两个计数值计算出当前温度值。计算方法为:计数器 1 和温度寄存器中的初始数值被设定为可测最低温度－55 ℃所对应的基本数值。计数器 1 对低温度系数晶振产生的脉冲信号进行减法计数,当计数器 1 的预置值减到 0 时,温度寄存器的值加 1,而计数器 1 的预置值则重新装入,并重新开始对低温度系数晶振产生的脉冲信号进行计数;如此循环,直到计数器 2 计数到 0 时,停止温度寄存器值的累加,此时其中保存的数值即为所测温度。图 7-18 中的斜率累加器用于补偿和修正测温过程中的非线性,其输出用于修正计数器 1 的预置值。

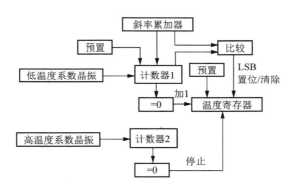

图 7-18　DS18B20 的工作原理图

3. DS18B20 的主要数据部件

DS18B20 有 4 个主要的数据部件,分别为光刻 ROM、温度传感器、配置寄存器及内部存储器,如图 7-17(a)所示。

1) 光刻 ROM

光刻 ROM 中的 64 位序列号是出厂前光刻好的,可以看成 DS18B20 的地址序列码。其前 8 位是产品类型标号,中间 48 位为 DS18B20 本身的序列号,最后 8 位为前面 56 位的循环冗余校验码。每一片 DS18B20 的序列号都不一样,因此可以实现多个 DS18B20 的单总线总控。

2) 温度传感器

DS18B20 中的温度传感器可以完成对温度的测量。以 12 位分辨率为例,其精度为 0.0625 ℃,以 16 位符号扩展的二进制补码数据提供读数形式,存储在高速暂存存储器的第 0 个字节和第 1 个字节中,其温度值格式如表 7-7 所示。

表 7-7 DS18B20 的温度值格式

MS Byte								LS Byte							
bit15	bit14	bit13	bit12	bit11	bit10	bit9	bit8	bit7	bit6	bit5	bit4	bit3	bit2	bit1	bit0
S	S	S	S	S	2^6	2^5	2^4	2^3	2^2	2^1	2^0	2^{-1}	2^{-2}	2^{-3}	2^{-4}

其中,高 5 位为符号位,其余 11 位为数值位。若测得的温度值大于 0,则这 5 位为 0,将测到的数值乘以 0.0625 即可得到实际温度;若测得的温度值小于 0,则这 5 位为 1,测到的数值需要取反加 1 后再乘以 0.0625,即可得到实际温度。例如,若测量得到的数值为 07D0H,则其温度值为 $(2^{10}+2^9+2^8+2^7+2^6+2^4)\times 0.0625=125(℃)$。若测量得到的数值为 FE6FH,应先求出其补码 0191H,再计算温度值,即 $-(2^8+2^7+2^4+2^0)\times 0.0625=-25.0625(℃)$。

3) 配置寄存器

DS18B20 的配置寄存器主要用于设置分辨率,其格式如表 7-8 所示。

表 7-8 DS18B20 的配置寄存器格式

bit7	bit6	bit5	bit4	bit3	bit2	bit1	bit0
TM	R1	R0	1	1	1	1	1

配置寄存器的低 5 位保持为“1”。TM 是测试模式位,当其为“1”时,DS18B20 处于测试模式;当其为“0”时,DS18B20 处于工作模式。在 DS18B20 出厂时,TM 位被设置为“0”,不允许用户改动。R1 及 R0 用于设置分辨率,设置方式如表 7-9 所示。在出厂时,R1 和 R0 被设置为 12 位分辨率。

表 7-9 温度分辨率设置表

R1	R0	分辨率/位	转换时间/ms
0	0	9	93.75
0	1	10	187.5
1	0	11	375
1	1	12	750

4) 内部存储器

DS18B20 的内部存储器包括一个 9 字节的高速暂存寄存器和一个非易失性电可擦除 EEPRAM,后者存放高温度和低温度触发器 TH、TL 及配置寄存器,其结构如图 7-19 所示。当报警功能不使用时,TH、TL 寄存器可以作为普通寄存器使用。

高速暂存寄存器的第 0、1 个字节分别用于保存温度信息的 LSB 和 MSB,为只读字节,其初值分别为 50H 和 05H(85℃);第 2、3 个字节是 TH 和 TL 的拷贝;第 4 个字节用于保存配置寄存器;第 5~7 个字节为保留字节,禁止写入,若读取,则全部表现为逻辑 1;第 8 个字节为冗余校验字节。

4. DS18B20 的通信协议

由于 DS18B20 属于单总线结构,通过单总线端口访问 DS18B20 的操作序列包括 3 步,即初始化、ROM 操作指令、功能指令。每一次 DS18B20 的操作都必须满足上述 3 步,若缺少步骤或顺序混乱,器件将不会返回值。

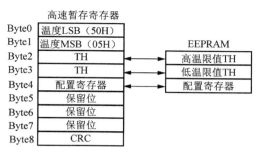

图 7-19 DS18B20 寄存器结构

在进行通信时,必须严格遵守单总线协议以确保数据的完整性。协议包括的集中单总线信号类型有复位脉冲和存在脉冲、写操作、读操作。所有这些信号,除存在脉冲外,都是由总线控制器发出的。

1)复位脉冲和存在脉冲

与 DS18B20 之间的任何通信都必须以初始化序列,即一个复位脉冲跟着一个存在脉冲开始,如图 7-20 所示,表示已经准备好发送和接收数据。

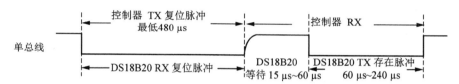

图 7-20 DS18B20 初始化序列

在初始化序列期间,总线控制器拉低总线并保持最低 480 μs 发出一个复位脉冲,然后释放总线,进入接收状态。单总线由上拉电阻拉到高电平。当 DS18B20 探测到 I/O 引脚的上升沿后,等待(15~60)μs,然后发出一个由(60~240)μs 低电平信号构成的存在脉冲。

2)写操作

写操作包括写 1 和写 0。总线控制器通过写 1 时序写逻辑 1 到 DS18B20,写 0 时序写逻辑 0 到 DS18B20。所有写时序必须持续至少 60 μs,包括两个写周期之间至少 1 μs 的恢复时间。当总线控制器把数据线从逻辑高电平拉到低电平时,写时序开始,如图 7-21 所示。

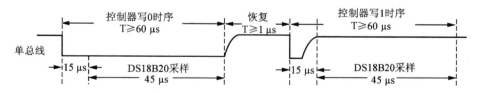

图 7-21 DS18B20 写时序

总线控制器要生成一个写时序,必须把数据线拉低至少 1 μs 再释放,释放后由上拉电阻将总线拉高。若要写逻辑 0,则必须把数据线拉低并至少保持 60 μs;若要写逻辑 1,则只需将数据线拉低 1 μs~15 μs,即立刻释放总线控制器初始化写时序后,DS18B20 在一个 15 μs~60 μs 的窗口内对 I/O 线采样。若采样为高电平,即写逻辑 1;若采样为低电平,即写逻辑 0。

3)读操作

总线控制器发起读时序后,DS18B20 仅被用来传输数据给控制器。所有读时序必须最少持续 60 μs,包括两个读周期间至少有 1 μs 的恢复时间。当总线控制器把数据线从高电平拉到低电平时,读时序开始,数据线保持低电平至少 1 μs,然后释放总线,如图 7-22 所示。

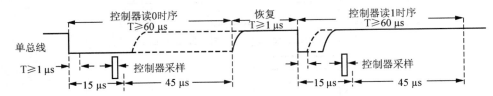

图 7-22　DS18B20 读时序

总线控制器发出读时序后,DS18B20 通过拉高或拉低总线来传输逻辑 1 或逻辑 0,传输结束后释放总线,通过上拉电阻恢复高电平状态。DS18B20 输出的数据在读时序的下降沿出现后 15 μs 内有效,因此,为了更准确地读取 DS18B20 的输出数据,总线控制器在读时序开始 1 μs 后应立刻释放总线,而采样时间应控制在 15 μs 周期的最后。

5. DS18B20 的指令

DS18B20 的指令分为 ROM 指令及功能指令(RAM 指令)两类。

一旦总线控制器探测到一个存在脉冲,它就发出一条 ROM 指令。DS18B20 共有 5 条 ROM 指令,可完成 64 位 ROM 序列码读取、多个 DS18B20 的识别或定位、报警搜索等。具体代码及功能如表 7-10 所示。

表 7-10　ROM 指令表

指令	代码	功　　能
读 ROM	33H	读取 64 位 ROM 序列码。只在总线上存在单一 DS18B20 时使用,否则当所有从机同时发送信号时,会发生数据冲突
匹配 ROM	55H	发送该命令时,后跟 64 位 ROM 序列码,让总线上序列码匹配的 DS18B20 做出响应,为下一步对 DS18B20 的读/写做准备;其他与 64 位序列码不匹配的从机等待复位脉冲
搜索 ROM	F0H	用于确定挂接在同一总线上 DS18B20 的个数和识别 64 位 ROM 序列码,为操作各器件做准备
忽略 ROM	CCH	忽略 64 位序列码,以节省器件发回 64 位序列码所花费的时间。当总线上有多台从机时,可直接向 DS18B20 发送除读暂存器指令之外的功能指令,以完成相应功能,避免多台从机同时发送信号造成数据冲突
报警搜索	ECH	让在最近一次测温后符合报警条件的 DS18B20 做出响应

总线控制器在给 DS18B20 发送一条 ROM 指令后,跟着可以发送一条功能指令,完成 DS18B20 暂存器的读/写操作、温度转换和电源模式识别等功能。其具体代码及功能如表 7-11 所示。

表 7-11　功能指令表

指令	代码	功　　能
温度转换	44H	启动 DS18B20 进行温度转换,转换结果存入暂存器第 0、1 个字节中
写暂存器	4EH	写指令发出后,总线控制器开始写时序,依次向暂存器第 2～4 个字节写入数据。数据以最低有效位开始传送,写入过程中若出现复位脉冲,则中止写入

指令	代码	功　　能
读暂存器	BEH	读指令发出后,总线控制器开始读时序,从暂存器第 0 个字节开始依次读出所有 9 个字节中的数据。读取过程中,可以发送复位脉冲中止读取操作
复制暂存器	48H	将暂存器中的 TH、TL 和配置寄存器的内容复制到 EEPROM 中
召回 E2	B8H	将 TH、TL 和配置寄存器的数据从 EEPROM 恢复到暂存器中
读供电模式	B4H	寄生电源供电时 DS18B20 发送逻辑 0,外接电源供电时发送逻辑 1

若 DS18B20 采用外部电源供电,在总线控制器发出温度转换指令后,DS18B20 开始进行温度转换。此时令控制器发出读时序,若 DS18B20 处于转换过程中,则在总线上返回逻辑 0;若转换完成,则返回逻辑 1。只有在转换完成后,才能发出读暂存器指令。若 DS18B20 采用寄生电源方式供电,在总线未被强上拉到高电平前,DS18B20 无上述功能。

7.4.2　DS18B20 芯片与 51 系列单片机的接口电路

DS18B20 与单片机构成的测温系统具有结构简单、测温精度高、I/O 口占用少等优点,其接口方式根据供电模式可分为寄生电源供电接口电路和外部电源供电接口电路。

1. 寄生电源供电接口电路

DS18B20 与单片机的寄生电源供电接口电路如图 7-23 所示。这种供电方式的优势在于进行远距离测温时,无须本地电源,且可以在没有常规电源的条件下读取 ROM。

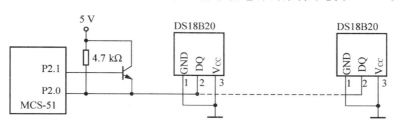

图 7-23　寄生电源供电接口电路

在寄生电源供电模式下,DS18B20 在信号线处于高电平期间把能量存储在内部电容中,当信号线处于低电平时,消耗电容储存电能以持续工作,直到信号线恢复高电平时再给电容充电。要使 DS18B20 进行精确的温度转换,减小测量误差,信号线必须保证在温度转换期间提供足够的能量。由于每个 DS18B20 在温度转换期间的工作电流都达到了 1 mA,当存在多个 DS18B20 进行多点测温时,仅靠上拉电阻无法提供足够的能量。因此,除了上拉电阻外,可以在单片机进行温度转换或 E2 复制操作时,在指令发出后最多 10 μs 的时间内通过 P2.1 口令 NPN 型晶体管导通,进入强上拉状态,使信号线直接连接到 V_{cc},以此为 DS18B20 提供足够的电流。

【例 7-7】　根据图 7-23 所示的电路连接,假设总线上仅有一个寄生电源供电模式下的 DS18B20,51 单片机采用 12 MHz 晶振,设计一段程序,控制该 DS18B20 进行 12 位分辨率温度转换并读取温度值。

由于设计要求温度转换分辨率为 12 位,且未要求设置报警温度(为 DS18B20 出厂默认设置),因此根据 DS18B20 通信时序,DS18B20 操作过程如下。

(1) 51 单片机向 DS18B20 发送复位脉冲。

(2) DS18B20 接收到复位脉冲后向 51 单片机返回存在脉冲。

(3) 51 单片机向 DS18B20 发送忽略 ROM 指令 CCH。

(4) 51 单片机向 DS18B20 发送温度转换指令 44H。

(5) DS18B20 开始温度转换,在此期间应控制 P2.1 口发送高电平,让总线强上拉到高电平,并一直保持至完成温度转换。

(6) 51 单片机再次向 DS18B20 发送复位脉冲。

(7) DS18B20 接收到复位脉冲后向 51 单片机返回存在脉冲。

(8) 51 单片机向 DS18B20 发送忽略 ROM 指令 CCH。

(9) 51 单片机向 DS18B20 发送读暂存器指令 BEH,从中取出温度值。

根据以上分析,源程序代码可设计如下。

```c
#include < reg52.h>
#define uchar   unsigned char
sbit DQ=P2^0;                       //DS18B20 控制总线
sbit P21=P2^1;                      //强上拉控制端口
uchar temperature[2];

//DS18B20 复位
void Reset()
{
    uchar i;
    bit flag0=1;
    while(flag0)
    {
        DQ=0;                       //拉低总线
        for(i=0;i< 160;i++);        //延时 480μs
        DQ=1;                       //释放总线
        for(i=0;i< 26;i++);         //延时 80μs
        flag0=DQ;                   //对总线采样,若未收到存在信号,则继续复位
        for(i=0;i< 80;i++);         //延时 240μs 等待总线恢复
    }
}

//写数据到 DS18B20
void DS18B20_write(uchar wdata)
{
    uchar i,j;
    for(i=0;i< 8;i++)               //循环 8 次移位
    {
        DQ=0;                       //拉低总线,产生写时序
        for(j=0;j< 1;j++);          //延时 4μs
        DQ=wdata&0x01;              //发送 1 位
```

```
    for(j=0;j< 20;j++);                    //延时 60 μs,写时序的时间至少为 60 μs
    DQ=1;                                  //释放总线,等待总线恢复
    wdata> > =1;                           //准备下一位数据的发送
    }
}


//从 DS18B20 中读数据
uchar DS18B20_read()
{
    uchar i,j,rdata;
    for(i=0;i< 8;i++)                      //循环 8 次移位
    {
        rdata> > =1;
        DQ=0;                              //拉低总线,产生读时序
        for(j=0;j< 1;j++);                 //延时 4 μs
        DQ=1;                              //释放总线,准备读数据
        for(j=0;j< 2;j++);                 //延时 8 μs,读数据
        if(DQ==1)    rdata|=0x80;
        for(j=0;j< 20;j++);                //延时 60 μs,读时序的时间至少为 60 μs
    }
    return(rdata);
}


void main()
{
    uchar i,j;
    bit flag1=0;
    P21=1;                                 //开启强上拉控制
    Reset();                               //复位
    DS18B20_write(0xcc);                   //跳过 ROM 命令
    DS18B20_write(0x44);                   //温度转换命令
    while(! flag1)                         //等待转换完成
    {
        DQ=0;                              //拉低总线,产生读时序
        for(j=0;j< 1;j++);                 //延时 4 μs
        DQ=1;                              //释放总线,准备读数据
        for(j=0;j< 2;j++);                 //延时 8 μs,读数据
        flag1=DQ;                          //未转换完成,则持续读取过程
        for(j=0;j< 20;j++);                //延时 60 μs
    }
    Reset();                               //复位
    DS18B20_write(0xcc);                   //跳过 ROM 命令
    DS18B20_write(0xbe);                   //读 DS18B20 温度

    for(i=0;i< 2;i++)                      //读取暂存器中第 0、1 个字节的温度值
```

```
        {
            temperature[i]=DS18B20_read();
        }
    while(1);
    }
```

2. 外部电源供电接口电路

DS18B20 与单片机的外部电源供电接口电路如图 7-24 所示。由于不存在电源电流不足的问题,此时只需一个 I/O 口即可驱动 DS18B20 总线,且理论上在该总线上可挂接任意多个 DS18B20,构成多点测温系统。需要注意的是,DS18B20 的 GND 引脚不能悬空,否则将不能转换温度,导致读取温度恒定为 85 ℃。

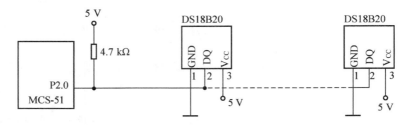

图 7-24 外部电源供电接口电路

【例 7-8】 根据图 7-25 所示的连接电路,设计一段程序,读取 DS18B20 的序列号,并在 1602LCD 第一行显示该序列号值,再启动温度转换。

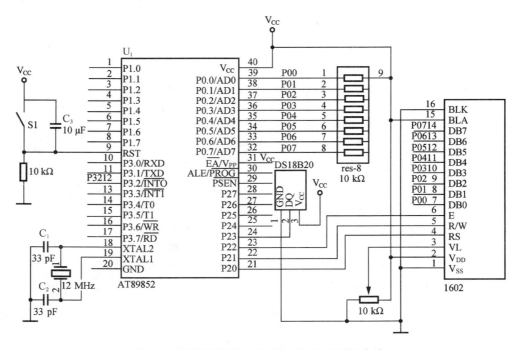

图 7-25 单片机驱动 DS18B20 及 1602LCD 电路

根据设计要求,可设计 DS18B20 的操作过程如下。

（1）51 单片机向 DS18B20 发送复位脉冲。

（2）DS18B20 接收到复位脉冲后向 51 单片机返回存在脉冲。

（3）51 单片机向 DS18B20 发送读取 ROM 指令 33H。

（4）DS18B20 开始读时序，读取并保存 ROM 64 位序列码。

（5）51 单片机向 DS18B20 发送温度转换指令 44H。

（6）通过 1602LCD，以十六进制形式显示 64 位序列码。

按照以上操作过程，源程序代码可设计如下。

```c
#include < reg52.h>
#define  uchar  unsigned char
#define  uint  unsigned int
sbit rs=P2^0;                    //1602LCD 寄存器选择
sbit rw=P2^1;                    //1602LCD 写/读操作
sbit ep=P2^2;                    //1602LCD 使能
sbit DQ=P2^3;                    //DS18B20 控制总线

void delay(uchar  c)
{
    uchar a,b;
    for(a=c;a> 0;a--)
    for(b=110;b> 0;b--);
}


/* 写入指令到 1602LCD* /
void lcdwcom(uint com)           //写入指令,rs、rw 为低电平,ep 为下降沿时执行指令
{
    rs=0;
    rw=0;
    P0=com;
    delay(5);                    //延时取代忙状态检测
    ep=1;
    delay(5);
    ep=0;                        //令 ep 产生下降沿
}
    /* 写入数据到 1602LCD* /
void lcdwd (uint d)              //写入数据,rs 为高电平,rw 为低电平,ep 为下降
                                //  沿时执行指令
{
    rs=1;
    rw=0;
    P0=d;
    delay(5);                    //延时取代忙状态检测
    ep=1;
    delay(5);
    ep=0;                        //令 ep 产生下降沿
```

```
    }
/* 1602LCD 初始化* /
void lcd_init()
{
    lcdwcom(0x38);                    //LCD 初始化
    lcdwcom(0x0c);                    //开显示,关闭光标
    lcdwcom(0x06);                    //每写一个光标右移,读/写地址自动加 1
    lcdwcom(0x01);                    //清屏
}


/* DS18B20 复位* /
void Reset()
{
    uchar i;
    bit flag0=1;
    while(flag0)
    {
        DQ=0;                         //拉低总线
        for(i=0;i< 160;i++);          //延时 480 μs
        DQ=1;                         //释放总线
        for(i=0;i< 26;i++);           //延时 80 μs
        flag0=DQ;                     //对总线采样,若未收到存在信号,则继续复位
        for(i=0;i< 80;i++);           //延时 240 μs 等待总线恢复
    }
}


/* 写数据到 DS18B20* /
void DS18B20_write(uchar wdata)
{
    uchar i,j;
    for(i=0;i< 8;i++)                 //循环 8 次移位
    {
        DQ=0;                         //拉低总线,产生写时序
        for(j=0;j< 1;j++);            //延时 4μs
        DQ=wdata&0x01;                //发送 1 位
        for(j=0;j< 20;j++);           //延时 60μs,写时序的时间至少为 60μs
        DQ=1;                         //释放总线,等待总线恢复
        wdata> > =1;                  //准备下一位数据的发送
    }
}


/* 从 DS18B20 中读数据* /
uchar DS18B20_read()
{
    uchar i,j,rdata;
```

```
    for(i=0;i< 8;i++)                   //循环 8 次移位
    {
        rdata> > =1;
        DQ=0;                           //拉低总线,产生读时序
        for(j=0;j< 1;j++);              //延时 4 μs
        DQ=1;                           //释放总线,准备读数据
        for(j=0;j< 2;j++);              //延时 8 μs,读数据
        if(DQ==1)   rdata|=0x80;
        for(j=0;j< 20;j++);             //延时 60 μs,读时序的时间至少为 60 μs
    }
    return(rdata);
}


void main()
{
    uchar i,DSB_CODE[8],DSB_CODED[16];
    bit flag1=0;
    lcd_init();                         //1602LCD 初始化
    Reset();                            //复位
    DS18B20_write(0x33);                //读 ROM 命令
    for(i=0;i< 8;i++)                   //读取 DS18B20ROM64 位序列码
    {
        DSB_CODE[i]=DS18B20_read();
        DSB_CODED[i* 2]=DSB_CODE[i]/16;          //获得 8 位码高 4 位
        DSB_CODED[(i* 2)+ 1]=DSB_CODE[i]% 16;    //获得 8 位码低 4 位
    }
    DS18B20_write(0x44);                         //温度转换命令
    lcdwcom(0x80);                               //从第一行第一位开始显示
    for(i=0;i< 16;i++)                           //以十六进制形式显示 64 位序列码
    {
        if(DSB_CODED[i* 2]< 10)   lcdwd(DSB_CODED[i]+ 0x30);
                                        //显示小于 10 的数值
            else lcdwd(DSB_CODED[i]+ 0x41);   //显示大于 9 的数值
    }
    while(1);
}
```

硬件及程序的最终测试结果如图 7-26 所示。

图 7-26 硬件及程序的最终测试结果

7.5 产品设计

7.5.1 测速器设计

日常生活中经常能够见到各种测速器,如汽车上的时速显示、风扇转速控制、电机转速控制等。假设使用 AT89S51 单片机设计一个小型直流电动机转速测量控制器,要求能够通过按键控制直流电动机的转动速度,同时显示设定转速值及实际转速值。

分析:要实现本设计目标,需要考虑以下问题:① 直流电动机通过什么进行控制? ② 直流电动机的转速如何设置? ③ 直流电动机的转速如何测量? ④ 设定转速与实际转速不一致时,如何调整? 下面依次解决。

直流电动机是将直流电能转换为机械能的旋转机械。它由定子、转子和换向器 3 个部分组成,定子(即主磁极)被固定在风扇支架上,是电动机的非旋转部分。转子中有两组以上的线圈,由漆包线绕制而成,称为绕组。当绕组中有电流通过时产生磁场,该磁场与定子的磁场产生力的作用,定子固定不动,转子在力的作用下转动。因此,电流越大,电动机的转速越快。根据本章所学内容,可以使用单片机和 DAC0832 对直流电动机进行控制:令单片机输出不同的数字信号,通过 DAC0832 转换为直流电压,以控制直流电动机在不同的转速下工作。

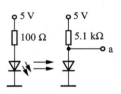

图 7-27 红外线发送接收二极管

直流电动机的转速可以通过单片机外接 2×5 矩阵式键盘进行设置。例如,若要设置为每秒 100 转,可依次按下"1 号键"、"0 号键"、"0 号键";若要设置为每秒 50 转,可依次按下"0 号键"、"5 号键"、"0 号键"。

直流电动机的转速可以使用红外线发送接收二极管进行测量,其工作原理如图 7-27 所示。当接收二极管接收到红外线时,二极管导通,a 点输出低电平;当红外线被遮挡时,二极管截止,a 点输出高电平。可以将 a 点的输出信号取反后作为单片机外部中断触发信号,而在直流电动机上加上单片扇叶,当电动机转动时,每转动一圈,扇叶遮挡红外线一次,由此触发单片机外部中断一次,在 1 秒时间内对中断次数计数,即可获得直流电动机的实际转速值。

每隔一秒,将获取的直流电动机实际转速值与设定转速值进行比较,若设定转速值大,则令单片机输出数字信号值加 1,反之则减 1,以此逐步令实际转速值接近设定转速值。

根据以上分析,电路设计如图 7-28 所示。

源程序代码设计如下。

```
#include < reg52.h>
#include < intrins.h>
#define uchar unsigned char
#define uint unsigned int
sbit wei=P2^5;                    //数码管位选控制
sbit duan=P2^6;                   //数码管段选控制
sbit dc=P2^7;                     //数字信号输出控制
```

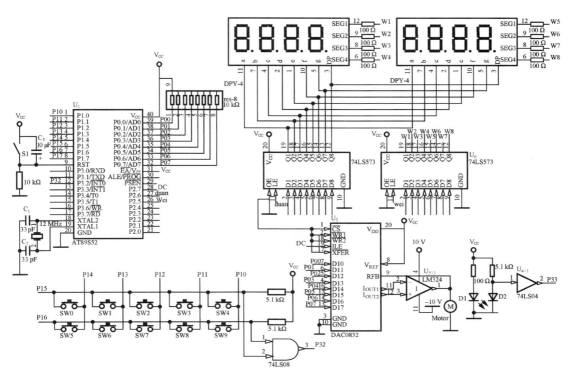

图 7-28　直流电动机转速测量控制电路

```
uchar a,b=0x10,setd,rapd,set[3],rap[3],i,j,n,pin1,num;
uint c;
uchar code table[]={0x3f,0x06,0x5b,0x4f,0x66,0x6d,0x7d,0x07,0x7f,0x6f,0x77,
                    0x7c,0x39,0x5e,0x79,0x71,0x00};
                                            //数码管显示段码


/* 延时子程序* /
void delay(uint z)
{
    uint x,y;
    for(x=z;x> 0;x--)
        for(y=50;y> 0;y--);
}


/* 数码管显示子程序* /
void view(uchar x)
{
    wei=1;
    P0=a;
    wei=0;
    P0=0;
    a=_crol_(a,1);
```

```
        duan=1;
        P0=table[x];
        delay(4);
        duan=0;
}


/* 主程序* /
main()
{
        P0=0x00;
        P2=0X00;
        P1=0xe0;
        TMOD=0X02;                    //设置定时/计数器 T0 的工作方式
        TL0=0X38;
        TH0=0X38;
        IT0=1;
        IT1=1;                        //设置外部中断触发方式为边沿触发
        EX0=1;
        EX1=1;
        ET0=1;
        TR0=1;                        //开启定时
        PT0=1;
        EA=1;
        while(1)
        {
            a=0xdf;                   //显示设定转速值
            view(set[2]);
            view(set[1]);
            view(set[0]);
            a=0xfe;                   //显示实际转速值
            view(rap[2]);
            view(rap[1]);
            view(rap[0]);
        }
}


/* 外部中断 0 中断服务程序* /
void int0() interrupt 0
{

        EA=0;
        delay(4);
        if(INT0==0)/* 去除按键抖动* /
        for(i=0;i< 5;i++)
            for(j=0;j< 2;j++)
```

```
    {
        P1=0xFF&(~ (0x10> > i));
        pin1=P1;
        if(((pin1> > (5+ j))&0x01)==0)
        {
            num=i+ j* 5;
            i=5;
            j=2;
            set[n]=num;      //获取设定转速值
            n++;
            if(n==3) n=0;
            IE0=0;           //避免按键按下时发生多次中断
        }
    }
    P1=0xe0;
    EA=1;
}


/* 外部中断 1 中断服务程序* /
void int1() interrupt 2
{
rapd++;                      //获取实际转速值
}


/* 定时/计数器 0 中断服务程序* /
    void t0() interrupt 1
{
    c++;
    if(c==5000)              //定时 1 秒
    {

        /* 每隔 1 秒进行一次设定转速值与实际转速值的比较* /
        setd=100* set[0]+ 10* set[1]+ set[2];
        if(setd< rapd)b--;     //若设定转速值小于实际转速值,则令待转换数字信号减 1
        else if(setd> rapd)b++;//若设定转速值大于实际转速值,则令待转换数字信号加 1
        dc=1;                  //允许待转换数字信号输出
        P0=b;                  //输出转换数字信号
        dc=0;                  //关闭待转换数字信号输出

        rap[2]=rapd% 10;       //获取实际转速个位数值
        rap[1]=(rapd/10)% 10;  //获取实际转速十位数值
        rap[0]=rapd/100;       //获取实际转速百位数值
        rapd=0;                //转速值清零以重新计数
        c=0;
```

```
    }
  }
```

根据程序设计,调整速度时,每秒调整一次,根据数字量与模拟量的比例关系式:$(V_1 - V_2)/(255-0) = (V_x - V_2)/(D_x - 0)$,每次调整电压值计算公式为 $(5\text{ V}-0\text{ V})/(255-0) = (V_x - 0\text{ V})/(1-0)$,即 $V_x = 5/255$ V,调整幅度小,因此调整速度较慢。另外,根据硬件设计电路图,DAC0832 输出电压范围为 -5 V~ 0 V,范围较小,且为单相电压,无法实现电动机双转向控制。读者可在本设计基础上加以改进,加快调整速度,扩大转速范围,并增加正、反转控制。

7.5.2 多路数字电压表设计

根据本章所学内容,试利用 AT89S52、1602LCD、ADC0809 设计一个具备显示功能的多路数字电压表,具体要求如下。

(1) 电压测量范围为 0 V$\sim$5 V。

(2) 可通过按键选择模拟通道输入端。

(3) 通过按键选择模拟通道后,可通过 1602LCD 显示当前模拟通道序号及电压值。

分析:本设计可参考例 7-4 或例 7-5,在其基础上增加 1602LCD 显示模块及按键控制模块。硬件设计电路如图 7-29 所示。这里使用 P0 口同时作为 1602LCD 数据端口、ADC0809 的地址选择及数据输出端口。由于 P0 口的复用,为了避免数据冲突,在进行程序设计时需要考虑如何避免 1602LCD 及 ADC0809 信号的相互影响。按键控制模块采用 2×4 矩阵式键盘,当有按键按下时,通过一个 2 输入与门触发外部 0 中断。

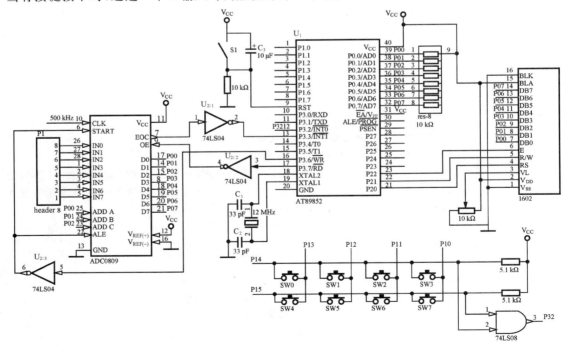

图 7-29 多路数字电压表

为了达到设计要求,进行程序设计时,可以根据以下几点进行。

(1) 无按键按下时,1602LCD 第一行显示"ADD:",第二行显示"VOLTAGE:0.00V"。

(2) 按下任意一个按键,触发外部 0 中断,在外部 0 中断服务程序中,检测被按下的按键号,并以按键序号作为 ADC0809 选通地址,通过 P0 口发送地址信息并启动 A/D 转换。

(3) 转换完毕后,ADC0809 的 EOC 端口发送转换完毕信号,触发外部 1 中断,在外部 1 中断服务程序中,读取转换数据 vdata,根据公式 voltage=(5×vdata/255)V 计算出电压值,并通过 1602LCD 显示当前通道号及电压值。

源程序可设计如下。

```c
#include < reg52.h>
#include < stdio.h>
#define  uchar   unsigned char
#define  uint   unsigned int
sbit rs=P2^0;                         //寄存器选择
sbit rw=P2^1;                         //写/读操作
sbit ep=P2^2;                         //使能
uint add,value;
uchar AD[]={"ADD:"},VOL[]={"VOLTAGE:"};   //1602LCD初始显示字符串
uchar x,i,j,pin1,num,vdata,VOLTAGE[]={0X32,0X2E,0X32,0X32,0X56};
                                      //设置电压初值显示为"0.00V"延时程序
void delay(uchar   c)
{
    uchar a,b;
    for(a=c;a> 0;a--)
    for(b=110;b> 0;b--);
}

/* 向 1602LCD 写入指令* /
void lcdwcom(uchar com)          //写入指令,rs、rw 为低电平,ep 为下降沿时执行指令
{
    rs=0;
    rw=0;
    P0=com;
    delay(5);
    ep=1;
    delay(5);
    ep=0;
}

/* 向 1602LCD 写入数据* /
void lcdwd (uchar d)          //写入数据,rs 为高电平,rw 为低电平,ep 为下降沿时执行指令
{
    rs=1;
    rw=0;
    P0=d;
```

```
        delay(5);
        ep=1;
        delay(5);
        ep=0;
    }


    /* LCD 初始化* /
    void lcd_init()
    {
        lcdwcom(0x38);              //LCD 初始化
        lcdwcom(0x0c);              //开启显示,不显示光标
        lcdwcom(0x06);              //每写一个光标加 1
        lcdwcom(0x01);              //清零
    }


    /* 选择 ADC0809 通道* /
    void selectchannel(uint c0809addr,uchar c0809data)
    {
        * ((uchar xdata * )c0809addr)=c0809data;   //选择 ADC0809 通道,发送地址信号,与
                                                     数据信号低 2 位保持一致
    }


    /* 读取 ADC0809 转换数据* /
    uchar getresult ()
    {
        uchar result;
        result=* ((uchar xdata * )add);   //读取外部数据,地址随意安排
        return result;
    }

    /* 设计主程序* /
    void main()
    {
        P2=0;
        P1=0XE0;
        EA=1;
        EX0=1;
        EX1=1;                      //开启外部中断 0、1 允许
        IT0=1;
        IT1=1;                      //设定外部中断触发方式为边沿触发
        lcd_init();                 //1602LCD 初始化
        lcdwcom(0x80);              //显示在第一行第一位
            for(x=0;x< 4;x++)
            lcdwd(AD[x]);          //显示"ADD:"
        lcdwcom(0xc0);              //显示在第二行第一位
```

```
        for(x=0;x< 8;x++)
            lcdwd(VOL[x]);                    //显示"VOLTAGE:"
        lcdwd(0XFF);                          //向 1602LCD 写入 0XFF,避免影响 ADC0809 的使用
        while(1);
}
```

/* 外部中断 0 服务程序,向 ADC0809 发送地址* /
```
void int0() interrupt 0
{
    delay(40);
    if(INT0==0)                            //去除按键抖动
    for(i=0;i< 4;i++)
        for(j=0;j< 2;j++)
        {
            P1=0xFF&(~(0x08> > i));
            pin1=P1;
            if(((pin1> > (4+ j))&0x01)==0)
            {
                num=i+ j* 4;                   //判断按键号
                add=num;                       //将按键号作为 ADC0809 通道地址
                selectchannel(add,num); //向 ADC0809 发送地址
                i=4;
                j=2;
            }
        }
    P1=0XF0;
}
```

/* 外部中断 1 服务程序,读取 ADC0809 转换数据并通过 1602LCD 显示数值* /
```
void int1() interrupt 2
{
    vdata=getresult();
    value=vdata;
    VOLTAGE[0]=(value/(255/5))+ 0x30;                  //获取电压值整数部分
    VOLTAGE[2]=((value* 10)/(255/5))% 10+ 0x30;   //获取电压值小数部分第一位
    VOLTAGE[3]=((value* 100)/(255/5))% 10+ 0x30; //获取电压值小数部分第二位
    lcdwcom(0x84);                                   //在第一行"ADD:"显示通道值
    lcdwd(0x30+ num);
    lcdwcom(0xc8);                                   //在第二行"VOLTAGE:"显示电压值
    for(x=0;x< 5;x++)
    lcdwd(VOLTAGE[x]);
    lcdwd(0XFF);                                     //向 1602LCD 写入 0XFF,避免影响 ADC0809 的使用
}
```

本设计硬件及程序的最终测试结果如图 7-30 所示。

这里需要注意的是,在外部中断 1 服务程序中计算电压值时,计算过程中出现的数据会超

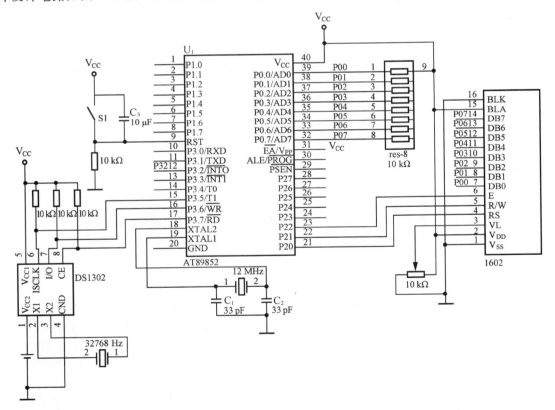

图 7-30　硬件及程序的最终测试结果

出无符号字符型数据的计算范围(0～255),因此需要设置一个无符号整型变量"value"进行辅助运算,运算完毕后再赋值给无符号字符型变量"VOLTAGE[n]",以避免出错。

本设计只能实现 0 V～5 V 之间电压值的测量,且无法实现负电压值的测量。读者可在本设计的基础上进行改进,扩大电压测量范围,增加电压正负显示功能。

7.5.3　电子日历设计

根据本章所学内容,试利用 AT89S52、1602LCD、DS1302 设计一个具备显示功能的电子日历。

分析:本设计可参考例 7-6,只需在例 7-6 的设计基础上增加 1602LCD 显示模块即可。硬件设计电路如图 7-31 所示。软件设计可根据以下步骤进行。

图 7-31　电子日历硬件电路

(1) 将 1602LCD 初始化。

(2) 将 DS1302 日期、时间初始化。

(3) 读取 DS1302 日历时钟寄存器。

(4) 将读取的日历、时间字节转换为十进制形式。

（5）通过1602LCD显示日历、时间值。

源程序代码可设计如下。

```c
#include < stdio.h>
#define   uchar   unsigned char
sbit rs=P2^0;                                    //寄存器选择
sbit rw=P2^1;                                    //写/读操作
sbit ep=P2^2;                                    //使能
sbit SCLK=P3^5;                                  //DS1302时钟信号
sbit DIO=P3^6;                                   //DS1302数据信号
sbit CE=P3^7;                                    //DS1302片选

uchar day,date[]={0x32,0x30,0x2f,0x2f,0x2f,0x2f,0x2f,0x2f,0x2f,0x2f};
uchar time[]={0x3a,0x3a,0x3a,0x3a,0x3a,0x3a,0x3a,0x3a,};
uchar day1[]={"MONTUEWEDTHUFRISATSUN"};          //星期字符串

//DS1302通过地址、数据发送子程序
void Write1302(unsigned char addr,dat)
{
    unsigned char i,temp;
    CE=0;                                        //CE引脚为低电平,数据传输中止
    SCLK=0;                                      //清零时钟总线
    CE=1;                                        //CE引脚为高电平,逻辑控制有效
    //发送地址
    for(i=8;i> 0;i--)                            //循环8次移位
    {
        SCLK=0;
        temp=addr;
        DIO=(bit)(temp&0x01);                    //每次传输最低位
        addr> > =1;                              //右移一位
        SCLK=1;                                  //产生SCLK上升沿
    }

    //发送数据

    for(i=8;i> 0;i--)
    {
        SCLK=0;
        temp=dat;
        DIO=(bit)(temp&0x01);
        dat> > =1;
        SCLK=1;
    }
    CE=0;
}
```

```
//DS1302 通过数据读取子程序
unsigned char Read1302(unsigned char addr)
{
    unsigned char i,temp,da=0,dat1,dat2;
    CE=0;
    SCLK=0;
    CE=1;
    //发送地址
    for(i=8;i> 0;i--)                    //循环 8 次移位
    {
        SCLK=0;
        temp=addr;
        DIO=(bit)(temp&0x01);            //每次传输最低位
        addr > > =1;                     //右移一位
        SCLK=1;
    }
    //读取数据
    for(i=0;i< 8;i++)
    {

        SCLK=0;
        if(DIO) da|=(0x01< < i);
        SCLK=1;
    }
    CE=0;
    dat1=da;
    dat2=dat1/16;                        //数据进制转换
    dat1=dat1% 16;                       //十六进制转换成十进制
    dat1=dat1+ dat2* 10;
    return(dat1);
}


//延时程序
void delay(uchar   c)
{
    uchar a,b;
    for(a=c;a> 0;a--)
        for(b=110;b> 0;b--);
}


/* 写入指令* /
void lcdwcom(uchar com)                  //写入指令,rs、rw 为低电平,ep 为
                                         //下降沿时执行指令

{
    rs=0;
```

```
    rw=0;
    P0=com;
    delay(5);
    ep=1;
    delay(5);
    ep=0;
}
    /* 写入数据 */
void lcdwd (uchar d)
```
//写入数据,rs 为高电平,rw 为低电平,ep 为下降沿时执行指令

```
{
    rs=1;
    rw=0;
    P0=d;
    delay(5);
    ep=1;
    delay(5);
    ep=0;
}
/* LCD 初始化 */
void lcd_init()
{
    lcdwcom(0x38);                          //LCD 初始化

    lcdwcom(0x0c);                          //开启显示,不显示光标

    lcdwcom(0x06);                          //每写一个光标加 1

    lcdwcom(0x01);                          //清零

}

/* 设计主程序 */
void main()
{
    int x;
    P2=0;
    /* DS1302 时间、日期初始化 */
    Write1302(0x8e,0x00);                   //禁止写保护
    Write1302(0x90,0xa5);                   //允许慢充电
    Write1302(0x8c,0x12);                   //初始化年
    Write1302(0x8a,0x06);                   //初始化星期
    Write1302(0x88,0x11);                   //初始化月
    Write1302(0x86,0x30);                   //初始化日
    Write1302(0x84,0x19);                   //初始化时
```

```
    Write1302(0x82,0x03);                    //初始化分
    Write1302(0x80,0x00);                    //初始化秒
    Write1302(0x8e,0x80);                    //写保护

    lcd_init();                              //1602LCD初始化

    while(1)
    {
        /* 读取日期时间信息* /
        date[2]=(0x30+ Read1302(0x8d)/10);
        date[3]=(0x30+ Read1302(0x8d)% 10);
        date[5]=(0x30+ Read1302(0x89)/10);
        date[6]=(0x30+ Read1302(0x89)% 10);
        date[8]=(0x30+ Read1302(0x87)/10);
        date[9]=(0x30+ Read1302(0x87)% 10);
        time[0]=(0x30+ Read1302(0x85)/10);
        time[1]=(0x30+ Read1302(0x85)% 10);
        time[3]=(0x30+ Read1302(0x83)/10);
        time[4]=(0x30+ Read1302(0x83)% 10);
        time[6]=(0x30+ Read1302(0x81)/10);
        time[7]=(0x30+ Read1302(0x81)% 10);
        day=Read1302(0x8b)- 1;

        /* 日期、时间显示* /
        lcdwcom(0x80);                       //显示在第一行第一位
        for(x=0;x< 10;x++)
        lcdwd(date[x]);                      //显示日期

        lcdwcom(0x8d);                       //显示在第一行第十四位
        for(x=0;x< 3;x++)  lcdwd(day1[3* day+ x]);  //显示星期

        lcdwcom(0x80+ 0x40);                 //显示在第二行第一位
        for(x=0;x< 8;x++)
        lcdwd(time[x]);                      //显示时间
    }
}
```

图 7-32　硬件及程序的最终测试结果

本设计硬件及程序的最终测试结果如图 7-32 所示。

本设计只能实现既定日期、时间的显示，无法实现调校功能，读者可在本设计的基础上加以改进，增加时间调校功能。

7.5.4　数字温度计设计

根据本章所学内容，试利用 AT89S52、1602LCD、DS18B20 设计一个具备显示功能的实时

数字温度计。

分析：该设计可参考例 7-7 及例 7-8，将例 7-7 的温度转换控制及温度读取与例 7-8 的 1602LCD 显示控制相结合，硬件电路可采用如图 7-26 所示的连接方式。在进行温度显示时，需要注意温度正值及温度负值的转换方式；由于 1602LCD 的 CGROM 中无"℃"字符，因此，若要显示温度符号"℃"，需要先将字符"℃"的字模数据存入 1602LCD 的 CGRAM 中。软件设计可根据以下步骤进行。

（1）将 1602LCD 初始化。

（2）将字符"℃"的字模数据存入 1602LCD 的 CGRAM 中，存储地址可选择 00H。

（3）51 单片机向 DS18B20 发送复位脉冲。

（4）DS18B20 接收到复位脉冲后向 51 单片机返回存在脉冲。

（5）51 单片机向 DS18B20 发送忽略 ROM 指令 CCH。

（6）51 单片机向 DS18B20 发送温度转换指令 44H。

（7）等待，直至温度转换完成。

（8）51 单片机再次向 DS18B20 发送复位脉冲。

（9）DS18B20 接收到复位脉冲后向 51 单片机返回存在脉冲。

（10）51 单片机向 DS18B20 发送忽略 ROM 指令 CCH。

（11）51 单片机向 DS18B20 发送读暂存器指令 BEH，从中取出温度值。

（12）判断温度值符号，若为正值，则将其转换为 3 位十进制整数及 4 位十进制小数。

（13）设置 1602LCD 的 DDRAM 地址为 0X00（第一行第一位）。

（14）依次向 1602LCD 写入正/负符号、十进制温度数值及符号"℃"。

为了实现温度实时显示功能，上述步骤从步骤(3)至最后一步需放在无限循环语句中反复执行。根据以上分析，源程序代码可设计如下。

```
#include < reg52.h>
#define  uchar  unsigned char
#define  uint  unsigned int
sbit rs=P2^0;                        //寄存器选择
sbit rw=P2^1;                        //写/读操作
sbit ep=P2^2;                        //使能
sbit DQ=P2^3;                        //DS18B20 控制总线
uchar temperature[2];
uchar code dis1[]={0x40,0x41,0x42,0x43,0x44,0x45,0x46,0x47};//字符"℃"
                                     //字模地址
uchar code dis2[]={0x10,0x06,0x09,0x08,0x08,0x09,0x06,0x00};//字符"℃"
                                     //字模数据

/* 延时函数* /
void delay(uchar  c)
{
    uchar a,b;
    for(a=c;a> 0;a--)
    for(b=110;b> 0;b--);
```

```
    }

    /* 写入指令*/
    void lcdwcom(uint com)                //写入指令,rs、rw 为低电平,ep 为下降沿时执行指令
    {
        rs=0;
        rw=0;
        P0=com;
        delay(5);                         //延时取代忙状态检测
        ep=1;
        delay(5);
        ep=0;                             //令 ep 产生下降沿
    }
    /* 写入数据*/
    void lcdwd (uint d)                   //写入数据,rs 为高电平,rw 为低电平,ep 为下降沿
                                          //  时执行指令

    {
        rs=1;
        rw=0;
        P0=d;
        delay(5);                         //延时取代忙状态检测
        ep=1;
        delay(5);
        ep=0;                             //令 ep 产生下降沿
    }
    /* LCD 初始化*/
    void lcd_init()
    {
        lcdwcom(0x38);                    //LCD 初始化
        lcdwcom(0x0c);                    //开启显示,关闭光标
        lcdwcom(0x06);                    //每写一个光标右移,读/写地址自动加 1
        lcdwcom(0x01);                    //清屏
    }

    /* DS18B20 复位*/
    void Reset()
    {
        uchar i;
        bit flag0=1;
        while(flag0)
        {
            DQ=0;                         //拉低总线
            for(i=0;i< 160;i++);          //延时 480 μs
            DQ=1;                         //释放总线
            for(i=0;i< 26;i++);           //延时 80 μs
```

```
        flag0=DQ;                       //对总线采样,若未收到存在信号,则继续复位
        for(i=0;i< 80;i++);             //延时 240 μs,等待总线恢复
    }
}


/* 写数据到 DS18B20 * /
void DS18B20_write(uchar wdata)
{
    uchar i,j;
    for(i=0;i< 8;i++)                   //循环 8 次移位
    {
        DQ=0;                           //拉低总线,产生写时序
        for(j=0;j< 1;j++);              //延时 4 μs
        DQ=wdata&0x01;                  //发送 1 位
        for(j=0;j< 20;j++);             //延时 60 μs,写时序的时间至少为 60 μs
        DQ=1;                           //释放总线,等待总线恢复
        wdata> > =1;                    //准备下一位数据的发送
    }
}


/* 从 DS18B20 中读数据* /
uchar DS18B20_read()
{
    uchar i,j,rdata;
    for(i=0;i< 8;i++)                   //循环 8 次移位
    {
        rdata> > =1;
        DQ=0;                           //拉低总线,产生读时序
        for(j=0;j< 1;j++);              //延时 4 μs
        DQ=1;                           //释放总线,准备读数据
        for(j=0;j< 2;j++);              //延时 8 μs,读数据
        if(DQ==1)   rdata|=0x80;
        for(j=0;j< 20;j++);             //延时 60 μs,读时序的时间至少为 60 μs
    }
    return(rdata);
}


/* 设计主程序* /
void main()
{
    uchar i,j,temp1,temp2,sign,temp[8];
    uint tempdec;
    bit flag1=0;
    lcd_init();                         //1602LCD 初始化
```

```
/* 将字符"℃"字模数据存入 CGRAM* /
for(i=0;i< 8;i++)
{
    lcdwcom(dis1[i]);
    lcdwd(dis2[i]);
}

while(1)
{
    Reset();                      //复位
    DS18B20_write(0xcc);          //跳过 ROM 命令
    DS18B20_write(0x44);          //温度转换命令

    /* 等待温度转换完成* /
    while(! flag1)
    {
        DQ=0;                     //拉低总线,产生读时序
        for(j=0;j< 1;j++);        //延时 4 μs
        DQ=1;                     //释放总线,准备读数据
        for(j=0;j< 2;j++);        //延时 8 μs,读数据
        flag1=DQ;                 //未转换完成,则持续读取过程
        for(j=0;j< 20;j++);       //延时 60 μs
    }
    Reset();                      //复位
    DS18B20_write(0xcc);          //跳过 ROM 命令
    DS18B20_write(0xbe);          //读取 DS18B20 中的温度值
    for(i=0;i< 2;i++)             //读取暂存器中第 0、1 个字节的温度值
    temperature[i]=DS18B20_read();

    /* 判断温度正负值* /
    temp1=temperature[1];
    temp1&=0xf8;                  //取温度值高 5 位
    if(temp1==0xf8)               //温度值为负,则取其补码
    {
        sign=0x2d;
        if(temperature[0]==0)//判断低 8 位是否有进位,若有,则高 8 位取反加 1
        {
            temperature[0]=~ temperature[0]+ 1;
            temperature[1]=~ temperature[1]+ 1;
        }
        else
        {
            temperature[0]=~ temperature[0]+ 1;
            temperature[1]=~ temperature[1];
        }
```

```
    }
    else sign=0x2b;

    /* 温度值由二进制转换为十进制* /
    temp1= (temperature[1]< < 4)&0x70;       //取温度 MSB 高字节低 3 位
    temp2= (temperature[0]> > 4)&0x0f;        //取温度 LSB 低字节高 4 位
    temp1=temp1|temp2;                         //组合成整数部分完整数据
    tempdec= (temperature[0]&0x0f)* 625;       //取得扩大 10000 倍的小数部分
    temp[0]=temp1/100;                          //获得温度百位数
    temp[1]= (temp1% 100)/10;                  //获得温度十位数
    temp[2]= (temp1% 100)% 10;                 //获得温度个位数
    temp[3]= (0x2e- 0x30);                      //显示小数点
    temp[4]=tempdec/1000;                       //获得温度小数十分位
    temp[5]= (tempdec% 1000)/100;              //获得温度小数百分位
    temp[6]= ((tempdec% 1000)% 100)/10;       //获得温度小数千分位
    temp[7]= ((tempdec% 1000)% 100)% 10;      //获得温度小数万分位

    /* 实现显示功能* /
    lcdwcom(0x80);
    lcdwd(sign);                                //显示温度符号
    for(i=0;i< 8;i++)                           //显示温度值
        lcdwd(temp[i]+ 0x30);
    lcdwd(0x00);                                //显示字符"℃"
    }
}
```

本设计硬件及程序的最终测试结果如图 7-33 所示。

读者可考虑将电子日历和数字温度计综合,在两者基础上设计一个实时日历、时钟、温度综合显示系统。

+023.3125c

图 7-33　硬件及程序的最终测试结果

习　　题

1. 简述 D/A 转换器及 A/D 转换器的转换原理。

2. D/A 转换器可以分为哪几种类型? DAC0832 属于其中的哪一类?

3. DAC0832 有几种工作方式? 它与 51 系列单片机的接口是什么样的?

4. DS1302 中有多少个寄存器? 其功能是什么?

5. 简述 DS1302 的数据传输时序。

6. 若使用 DS18B20 测量温度得到的数值分别为 06E0H 及 F8E7H,计算其温度值。

7. 使用 DS18B20 进行数据读/写时,如何区分逻辑 0 和逻辑 1?

8. 使用 51 单片机和 DAC0832 设计一个三角波发生器,输出如图 7-34 所示的三角波。

9. 若将例 7-5 的硬件连接方式进行更改,使用 51 单片机的 P2 口作为 ADC0809 的地址线、地址锁存控制、启动控制、输出使能控制端口,试画出硬件电路连接图,并写出对应的 A/D 转换程序。

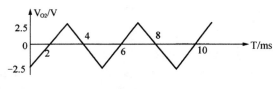

图 7-34

10. 设计一段程序,将 DS1302 中的日历、时间寄存器初始化为 2013 年 10 月 1 日星期二上午 7:00:00,要求采用 12 小时进制。

11. 使用 51 单片机和 DS18B20 设计一个独立电源供电方式的单点测温系统,通过 4 位 7 段数码管显示温度值(一个符号位、两个整数位、一个小数位),画出硬件电路图,并写出设计程序。

参 考 文 献

［1］朱成华.单片机原理与应用［M］.北京:电子工业出版社,2011.

［2］李蒙,毛建东.单片机原理及应用［M］.北京:中国轻工业出版社,2010.

［3］张福才.MSP430 单片机自学笔记［M］.北京:北京航空航天大学出版社,2011.

［4］朱定华,戴颖颖,李川香.单片微机原理、汇编与 C51 及接口技术［M］.北京:清华大学出版社,2010.

［5］杨加国,谢维成.单片机原理与应用及 C51 程序设计［M］.北京:清华大学出版社,2009.

［6］田立,田清,代方震.51 单片机 C 语言程序设计快速入门［M］.北京:人民邮电出版社,2007.

［7］谭浩强.C 程序设计［M］.2 版.北京:清华大学出版社,1999.

［8］李广弟.单片机基础［M］.北京:北京航空航天大学出版社,1994.